First published in 2011 by Thames & Hudson Ltd.

Copyright © 2011 Rob Thompson

作　　者：羅伯‧湯普森 (Rob Thompson)

譯　　者：陳建男 / 陳維隆

出版發行：龍溪國際圖書有限公司

地　　址：234新北市永和區中正路454巷5號1F

TEL：(02) 3233-6838

FAX：(02) 3233-6839

E-Mail：info@longsea.com.tw

http://www.longsea.com.tw

郵政劃撥：12949423

出版企劃：徐小燕

編輯校對：陳建男

美術編輯：劉靜蕙

出版日期：2012年9月

ISBN：978-986-7022-69-1

定　　價：NT$750

譯序

　　工業設計的教育發展奠立於1919年的德國包浩斯（Bauhaus）學院，由於，工業設計的專業形成啟源於工業革命後產業職能分工的需求，德國包浩斯的課程架構特別強調設計師的職業教育訓練，特別是對於產品材料與加工技術的認識與操作。時至今日，這些包浩斯所揭示的工業設計師基礎養成教育內容，歷經近百年的演進，在產業界中除了發展出數量驚人的合成與複合材料外，成型加工技術的機械與工法更是進步快速一日千里。

　　工業設計師正如其名，必須針對產品設計中的製造可行性作出判斷與貢獻，因為，身為工業設計師必須對產品的使用材料與製程擁有深刻的認識與瞭解，並對所創作產品的造型與機構提案，就製造生產的機會風險承擔一定的責任。如何藉由產品開發進行期間的原型製作（Prototyping），對於設計提案進行評價與修正，並在市場競爭情況仍未明朗時作出決定，同時，在產品進行大量生產之前以少量製造（Low-volume Production）的技術，來降低風險、爭取修改機會與滿足市場期待。現在，許多傳統上被認為屬於少量製造的技術，例如數值加工成型（CNC Machining），由於製造機器、加工技術與製程管理的精進，已經成為大量生產具有極細緻結構與表面處理產品的利器。

　　當然，工業設計師在市場的期待下，還必須具備成就產品真、善、美三位一體的專業修為，求真（Make products work better）代表工程學的專注（Focus），求善（Make products sell better）代表行銷學的靈活（Adaptability），求美（Make products look better）則代表美學的觸動（Touch），這是工業設計師形而上的專業成就指標。

　　然而，坊間卻不易找尋能為工業設計師，提供完整產品使用材料與製程的參考書籍，它除了必須具備涵蓋範圍的完整性外，還能以最新的技術發展與應用範例提出佐證說明，當然，如果能附上照片與圖示詳加說明則更臻完美。產品製造工法入門-原型製作＋少量製造篇（The Manufacturing Guides Prototyping and Low-volume Production）一書便是在這樣的期待中誕生（本書為產品製造工法入門-產品＋家具設計篇 The Manufacturing Guides Product and Furniture Design的系列姐妹作），首先，要感謝龍溪圖書方村宏先生對本書出版的發心與慧眼，同時，也要感謝朝陽科技大學工業設計系陳維隆副教授在本書翻譯工作上的並肩協力，希望本書能為台灣許多一心嚮往工業設計的莘莘學子，提供參考、指引、啟蒙與入門。

朝陽科技大學 工業設計系　副教授 **陳建男**
2012/01/31

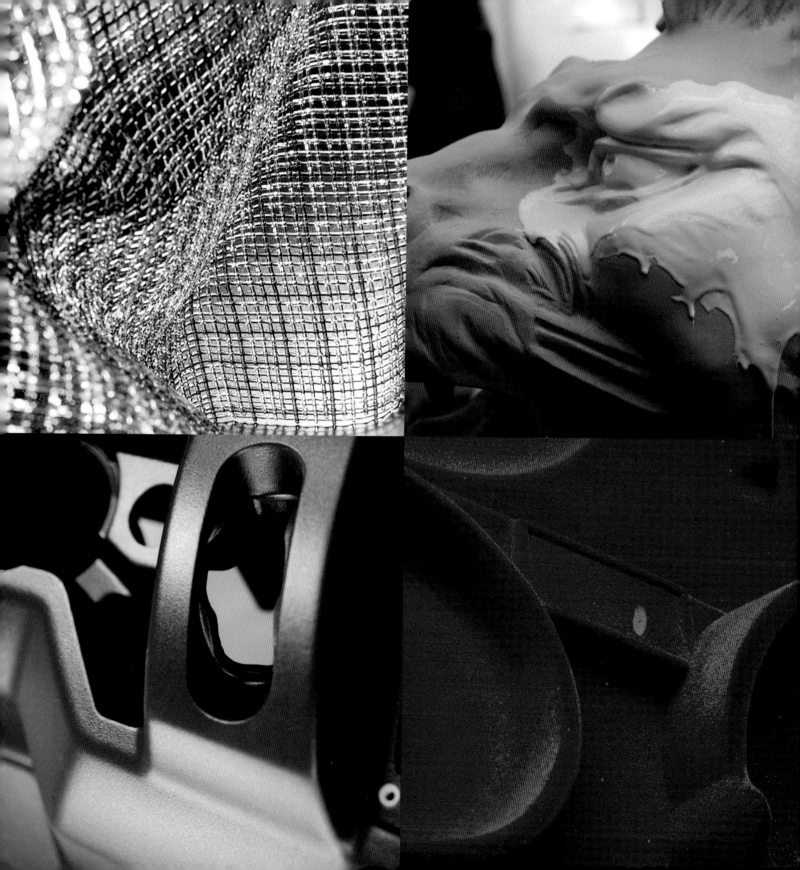

羅伯湯普森（Rob Thompson）

產品製造工法入門
原型製作＋少量製造

The Manufacturing Guides
Prototyping and
Low-volume Production

龍溪圖書

目錄

如何使用本書

本導引之出版旨在提供產品設計與製造過程中啟發靈感的來源，習用與新型大量製造技術均涵蓋其中。所附使用案例研究說明在機械化製造的限制下創造力的可能性，製造過程的圖示更突顯個案中的技術考量。

如何使用製造程序介紹

每一製造程序介紹均附上簡單提要說明，作為未來可能選擇利用的重要依據，而每一項製造工程說明以其一般應用為焦點，設計師與藝術家可依其希望挑戰這些習用的製程。

本書主要分三部份（每部份以不同顏色區分，以利讀者分辨使用），成型技術（Forming Technology，藍色），結合技術（Joining Technology，橘色）及表面加工技術（Finishing Technology，黃色）。

技術圖示說明部份揭露該工法內容，這些技術原理除了是應用基礎外，也同時界定了模具與設備的技術限制。在製造過程中所涵蓋的每一技術，例如同屬熱工拉絲成型（Lampworking）的鉗工（benchworking）與車工（latheworking），均予個別探討並依技術特性作出解釋。

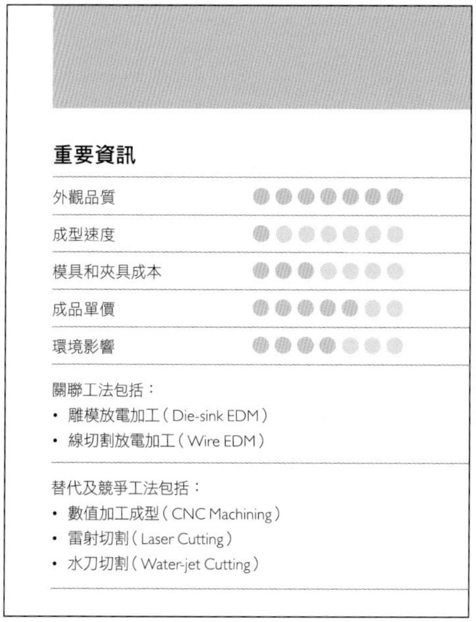

重要資訊

重要資訊	
外觀品質	⬤⬤⬤⬤⬤⬤⬤
成型速度	⬤⬤⬤◯◯◯◯
模具和夾具成本	⬤⬤⬤⬤◯◯◯
成品單價	⬤⬤⬤⬤⬤◯◯
環境影響	⬤⬤⬤⬤⬤⬤◯

關聯工法包括：
- 雕模放電加工（Die-sink EDM）
- 線切割放電加工（Wire EDM）

替代及競爭工法包括：
- 數值加工成型（CNC Machining）
- 雷射切割（Laser Cutting）
- 水刀切割（Water-jet Cutting）

重要資訊
針對每一製造技術以五項主要特點的概略指引，協助提醒設計師及輔助決策。

如何使用重要資訊提示圖表

此外，在介紹每一製造技術的頁面中附上重要資訊提示圖表，本圖表依外觀品質、成型速度、模具成本、成品單價及環境衝擊等五面向，評估各製造技術之價值比較。評價標準依點數區分由最低一點至最高七點，當然，產品種類、製造技術應用方式與產品背景均會對本評價產生影響，而本評價的重要目的，是希望協助設計師進行製造技術決策時作初步的導引（如上圖）。

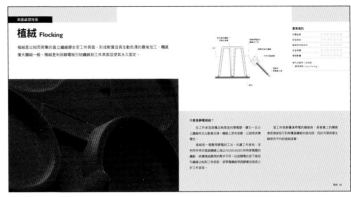

每一個製造技術均依序詳述，並按個別製造技術特性於續頁中補充，具有不同稱呼的製造技術除解釋說明外並以其最適者命名，例如，熱成型（Thermoforming）通常泛指一系列利用塑膠為材料的大量生產技術，然而，這一類型的生產技術以其加工特性具有代表利用空氣壓力，迫使受熱塑膠板材依模具形狀成型的意涵，就少量製造而言，最常見的熱成型技術就是真空成型（參閱22頁）。

如何使用案例研究

來自真實生活的案例研究由全球知名廠商提供，他們展示全方位生產技術，從手工打樣到技術原型製作，許多知名產品、家具及藝術品更藉由這些技術得以開發而有些並直接進入生產製造。

製造技術依次序逐步介紹並針對重點步驟加以分析，每一製造技術的主要屬性除就細節詳加敘述外，一些屬於製造技術延伸品質部份，例如製作規模及材料特性等亦依需要概略描述。

利用幾何比例、細節、顏色及表面處理的實物照片來顯示製造技術程序所提供的多樣性。

製程與案例研究

每一製造技術的細節均詳細說明，其中包括技術性圖示說明與知名廠商的案例研究，這些範例展示這些製造技術應用於汽車、室內空間與家具產業的幅度與機會。

各製造技術間連結的關聯性，例如成型技術與表面加工技術均於文中加以突顯，就設計師而言，能瞭解並運用多樣性的製造技術於設計上是必備的能力，如果設計師希望能針對每一項製造技術的潛力充分運用，則上述資訊能提供設計師，更進一步聚焦研究的完整起點。

簡介

本書中介紹了一些應用於產品、家具與原型（功能模型 Prototype）生產上最具啟發性的製程與技藝，這些涵蓋由液態成型至積層成型的每一種技術將提供設計師參考應用的輪廓，並依預訂產能、結構、尺寸、功能需求與外觀美感要求作出最終決策。

為技藝而設計

原型製作與少量生產即便是以一般最常見的材料而言，它所涵蓋的範圍也極為廣泛。而最初使用材料的選擇能影響未來產品的模具、製程與可行性，因此，普遍對各種材料特性與適用工法的認識是設計師必備的工具，它能協助設計師作出專業且正確的抉擇。

有四大種類的成型技術設計師必須瞭解，他們是塑型與鑄造；機械加工與切削；彎曲與沖壓；與快速成型。

塑型與鑄造

液態成型技術可利用於金屬與塑膠成型以製作複雜與精緻的成品，它們可適用於製造整系列的產品，從小型比例模型（參閱離心鑄造 Centrifugal Casting，128頁）到重達數噸的青銅雕塑（參閱脫蠟鑄造 Lost Wax Casting，30頁）。

塑膠材料可利用真空鑄型（Vacuum Cast，參閱18頁）或反應式射出成型（Reaction Injection Molding，參閱14頁與下面圖示）製作原型，單一部件及少量生產，這些製造技術可以複製幾乎所有具射出成型屬性的成品。

Maverick 電視獎獎杯
聚氨酯樹脂（Polyurethane，簡稱PU）是最適合應用於真空鑄型的材料，它具有一系列不同密度、顏色與硬度的選擇，它由注入模具內的兩種不同化合物藉由化學反應後形成塑膠成品，質感可以是柔軟並富有彈性的或是堅硬的，Maverick 電視獎獎杯由 CMA Moldform 公司製作。

Heavy 燈具
班傑明赫伯特（Benjamin Hubert）設計，這些由混凝
土手工鑄造的燈罩挑戰一般人對工業材料的認知，
這個燈罩質輕且薄，混凝土具有多樣性柔和的顏色
包括灰白、淺褐、藍與黑等。

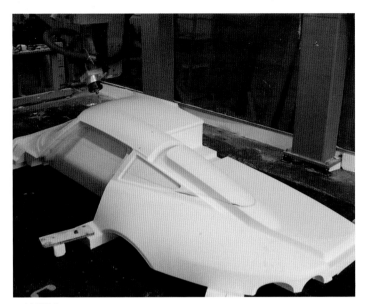

五軸數值加工
數值加工能製作非常大型的單件成品，例如這件全
尺寸的汽車零件原型。

許多不同的材料例如玻璃與混凝土（參閱上面圖示），可以在它們呈現液態時利用類似的成型技術塑型，然而，這些材料的黏性會左右它們在結構與細節上的應用範圍。

機械加工與切削技術

削減式製程包括數值加工成型（CNC Machining，42頁）、放電加工（EDM，52頁）、雷射切割（Laser Cutting，112頁）、光蝕刻（Photochemical Machining，120頁）、水刀切割（Water Jet Cutting，116頁）與研磨、砂磨、拋光（170頁）。

利用數值加工成型，電腦輔助設計（CAD）的資料能直接轉換並呈現於加工材料上，數值加工成型的過程經由銑床、車床或雕刻機完成，能快速製作精確及高品質的成品，數值加工成型的軸數決定它能製作成品的構造複雜程度，這就代表五軸數值加工機台能比二軸數值加工機台具有更寬廣的加工適用性（參閱上面圖示）。

彎曲與沖壓

這類型的製程利用材料延展性與彈性，許多的加工技術可應用於彎曲與沖壓金屬（參閱板金成型 Panel Beating，38頁及壓彎成型 Press Braking，124頁），複合材料（參閱複合材料積層 Composite Laminating，94頁）與木材薄片（參閱木質薄片積層 Veneer Laminating，88頁）能於室溫下成型或燒結成型，另一方面，玻璃則須加熱至攝氏600度（華氏1112度）讓材質充分軟化才能加工成型（參閱玻璃窯爐成型 Kiln Forming Glass，70頁）。

製作模型

這些屬於收音機原型的零件由雷射切割製成（參閱112頁），然後，對塑膠材質局部加熱後壓入模內成型，熱塑性塑膠例如聚甲基丙烯酸甲酯（Poly Methyl Methacrylate，簡稱PMMA），這種一般被稱為壓克力的材料能在受熱後輕易成型。

　　一些類型的塑膠可在受熱後彎曲成型（參閱上面圖示）。

快速原型技術

　　這種利用積層堆疊成型的製程，能應用於製作單件成品或少量製造，它藉由接收電腦輔助設計的資料直接進行製作，製程中無須任何模具，這樣除有助於節省成本外對於設計師而言也具有許多優點，這種高精度的製程代表它非常適用於量產前全尺寸測試原型的製作。

　　快速原型附帶的優點還包括縮短產品上市時間及降低產品開發費用，然而，這個製程最為設計師所期待與渴望的並非只是降低成本，而是，藉由快速原型技術能製作錯綜複雜且依據精密公差與尺寸要求的成品，製作以往認為無法成型的構造，由於快速原型無須使用模具，更改設計不會造成後續製作的成本增加，結合了這些特質能為設計探索與機會提供無限寬廣的可能性（參閱下面圖示）。

為量產製作原型

　　在為大量製造的成品設計過程中，這些製品通常會先製作原型，有時也會先行小量製造，有些製程並不

Signature 花瓶

這個案例利用光固化成型（Stereo Lithography 簡稱SLA，110頁）直接製作以個人簽名為型的花瓶，由法蘭克堤加克瑪（Frank Tjepkema）為楚格設計（Droog Design）於2003年創作，這個構想巧妙的呈現快速原型製程所具有靈活性和速度的革命性技術。

需要昂貴的模具，例如，噴漆塗裝（Spray Painting，180頁）、數值加工成型（CNC Machining，42頁）及雷射切割（Laser Cutting，112頁）能以同樣的製程製作少量至大量的成品，對這些製程而言產量的轉變相對的直接而單純。

為大量製造而設計的成品需要非常昂貴的模具，例如，射出成型（Injection Molding）及壓鑄成型（Die Casting）便可利用反應式射出成型（Reaction Injection Molding，14頁）、真空鑄型（Vacuum Casting，18頁）與快速原型（Rapid Prototyping，104頁）製作原型，這些技術擁有較低的模具成本，但是，製造成本是大量製造的好幾倍，而且機械特性與外觀品質可能也不相同。

如果不考慮製程的大量機械化，效率與成本效益的考量便相對較為不重要，這樣可以讓設計師與藝術家在嘗試實驗，與創新研發中取得較大的機會，任何一件被製造的成品都必須在材料與製程之間取得平衡，設計師應用原型製作與少量製造等技術，以三維立體的觀點探索他們的構想，彌補了產品開發過程中許多階段的不足，同時也提供了創新設計的基礎。

玻璃吹製

Glacier range（冰河系列）作品中 The Large Stone 的每一層顏色，均由 London Glassblowing（倫敦玻璃吹製）利用手工製作，玻璃吹製程序可以完全自由不受量產製造的限制，所以，玻璃吹製者能充分控制玻璃成品的形狀與表面來創作另人震奮的作品。

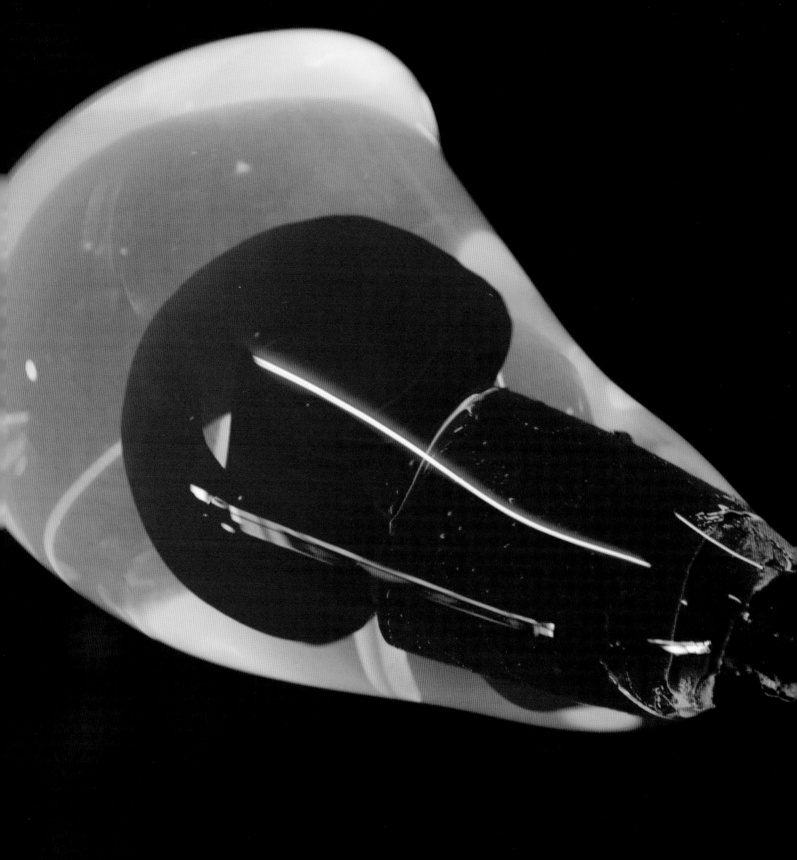

成型技術
Forming Technology

反應式射出成型 Reaction Injection Molding

反應式射出成型簡稱為RIM，這個製程藉由注入兩劑型的聚氨酯樹脂（Polyurethane Resin，簡稱PUR）於模具內經低壓反應成型，由於相對低的模具成本使它成為原型製作及少量生產的理想製程，它適用於製作最長達2.5米（8.2英呎）的成品。

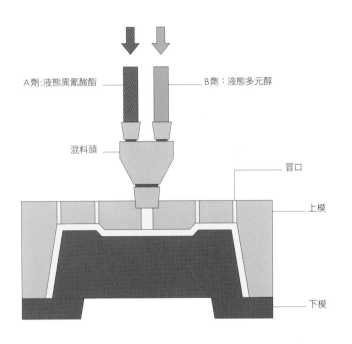

A劑:液態異氰酸酯

B劑：液態多元醇

混料頭

冒口

上模

下模

外觀品質	●●●●●●●○○○
成型速度	●●●●●●○○○○
模具和夾具成本	●●●●●●○○○○
成品單價	○●●●●●●○○○
環境影響	○●●●●○○○○○

關聯工法包括：
- 強化反應式射出成型
  （Reinforced Reaction Injection Molding，簡稱RRIM）

替代及競爭工法包括：
- 數值加工成型（CNC Machining）
- 射出成型（Injection Molding）
- 真空鑄型（Vacuum Casting）

什麼是反應式射出成型？

兩種原料藉由化學反應形成聚氨酯樹脂（PUR），多元醇與異氰酸酯被餵入混料頭內並以高壓混合，這其中主要預聚合物系統包括兩種：甲苯二異氰酸酯基（Toluene Diisocyanate Based，簡稱TDI）與二苯基甲烷二異氰酸酯基（Diphenylmethane Diisocyanate Based，簡稱MDI）。

預先定量的兩種液態化合物以低壓（1至2 Bar壓力）送入模具內，當它們在混料頭內混合時開始進行化學發熱反應，成品經30分鐘完成固化反應後脫模。

聚氨酯樹脂是一種熱固性塑膠，反應成型是單向的，因此，一旦固化定型便無法重複使用或回收。

針對高強度要求和更嚴苛的應用，樹脂內可加入玻璃纖維（Glass Fiber）或雲母（Mica）補強，例如，常見的強化反應式射出成型（Reinforced Reaction Injection Molding）。

品質

雖然這是一種低 壓製程，但是液態聚氨酯樹脂能複製極佳的成品表面精細紋路與細節，成品的表面處理取決於模具品質與最終的噴漆塗裝（Spray Painting，180頁）。

一般應用

反應式射出成型常使用於原型製作與少量製造，這些原型製作與少量製造的需求，一般應用於製作汽車保險桿、汽車面板、大型醫療儀器外殼及販賣機。

成本與生產速度

模具費用由低至中等，與射出成型比較由於成型壓力與溫度較低，故模具費用大大降低，成型週期時間相當迅速（15至30分鐘），人工成本低至中等，而利用自動化製程能有效降低人工成本，再應用於原型製作與少量製造時人工需求較多。

材料

聚氨酯樹脂是最適合應用於反應式射出成型的材料，因為，聚氨酯樹脂家族具有一系列不同密度，顏色及硬度的種類可供選擇，可以從柔軟與富有彈性至堅硬而極具剛性。

環境衝擊

聚氨酯樹脂是熱固性材質所以無法直接回收，異氰酸酯在成型反應中會釋放出有害氣體，已知可能引發接近者氣喘，而多元醇/MDI反應系統比TDI反應系統產生較為少量的異氰酸酯。

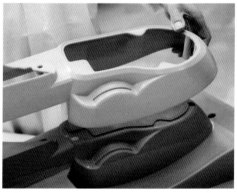

汽車面板零件

由噴漆塗裝完成表面處理，就設計細節例如標識與圖案部分利用遮蔽處理，塗層的光澤度可歸類為霧面（Matte，也稱為蛋殼面）、半亮面（Semi-gloss）、絲緞面（Satin，也稱為絲面）及亮面（Gloss），高光澤、彩色濃烈與豐富多彩的表面處理，來自於細緻的表面前置作業、底漆和面漆的整體完美組合。

錯綜複雜的細節

反應式射出成型技術是用來製作出類似射出成型製程的成品，事實上，它時常應用於製作將來可能使用射出成型製造的產品原型上，因為所需模具成本相對的便宜，然而單位製造成本也相對的昂貴許多。一些例如卡合機構、攻牙插件及排氣開孔等細節，都能以極低的額外成本直接成型在成品上。

原型製作

應付原型製作與極少量製造的需求，反應式射出成型的模具，可以整塊硬質聚氨酯樹脂材料利用數值加工成型，這樣的技術應用成本相對的低廉，而且可以快速製作功能性原型適合於各種應用與測試。

1

3

2

4

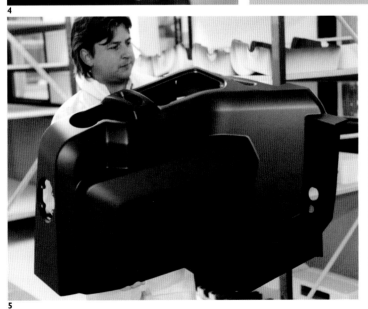

5

案例研究
利用反應式射出成型製作汽車內裝

提供廠商：Midas Pattern Co. Ltd.
www.midas-pattern.co.uk

　　固化定型後的成品從模具內移出（如圖1），毛邊、流道與冒口部分在這個階段仍保留完整，成品經去邊整型移除多餘的材料（如圖2）。

　　成品被清理乾淨後為噴漆塗裝前準備，必須仔細地經過具有研磨作用的噴砂處理（如圖3），這個程序是為確保所有表面多餘殘留物完整移除，而且滿足成品表面能與塗料形成最佳結合的關鍵，金屬插件部分以遮蔽保護處理（如圖4）。

　　反應式射出成型是低壓製程，所以，輕微表面缺陷是不可避免的，高品質的成品表面要求必須以噴漆塗裝為依賴基礎，在這個範例中成品被塗裝後具有黑色粗糙紋理（如圖5），是理想的耐磨耗表面處理應用。

真空鑄型 Vacuum Casting

應用於原型製作、單件與少量製造,真空鑄型能複製幾乎射出成型的所有屬性,

它主要用於鑄塑兩劑型的聚氨酯樹脂(Polyurethane Resin,簡稱PUR),

因為,聚氨酯樹脂家族具有一系列不同的顏色、透明度及硬度等級可供選擇。

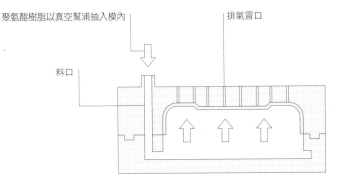

階段 1：真空鑄型

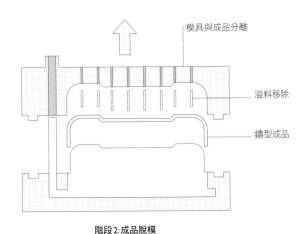

階段 2：成品脫模

聚氨酯樹脂以真空幫浦抽入模內

料口

排氣冒口

模具與成品分離

溢料移除

鑄型成品

重要資訊

外觀品質	●●●●●○○
成型速度	●●●●○○○
模具和夾具成本	●●●○○○○
成品單價	●●●●○○○
環境影響	●●●○○○○

- 射出成型（Injection Molding）
- 快速成型（Rapid Prototyping）
- 反應式射出成型（Rapid Prototyping）

什麼是真空鑄型？

　　階段一，液態聚氨酯樹脂利用真空幫浦抽入模內，以確保樹脂能順利流注模穴的各角落且不受制於模內空氣壓力阻礙，同時，鑄型成品也不致產生空隙，聚氨酯樹脂置放處高過模具，所以當它注入模內時藉由重力牽引，迫使樹脂注滿模穴，冒口設計在於提供液態聚氨酯樹脂的充填指引，當樹脂注滿模穴後會溢出位於上模的排氣冒口，而設置許多冒口是為確保鑄型在模內成型時平均且完整。

　　在幾分鐘內模穴被填滿而真空的吸力處於平衡狀態，模具閉合靜置等待模內樹脂完全固化，通常這需要45分鐘至4小時不等，階段二，成品脫模後毛邊、冒口溢料與多餘的材料被移除。

品質

成品表面質感優良，而且能完整複製利用於生產的模具內所有的表面肌理。

一般應用

原型製作的應用包括：汽車零件、鉸鏈、鍵盤與行動電話、電視機、照相機、MP3播放器、音響系統及電腦等產品外殼。

成本與生產速度

模具成本通常不高，但它取決於成型產品尺寸與複雜度，若以矽膠（Silicone）製作模具而言，通常需要半天至一天便可完成，矽膠模具約可承受20-30次的鑄型循環，成型所需時間良好。

材料

聚氨酯樹脂可以是如水般清澈透明與具有完整的色彩範圍，它能夠非常柔軟並具有彈性（蕭氏硬度A類25-90度）或堅硬（蕭氏硬度D類）。

環境衝擊

精確的量測所需材料能降低廢料產生，由於熱固性塑膠無法回收再利用，成型過程在真空室中完成，所以反應過程中產生任何煙霧和氣體都可以抽除和過濾。

半透明顏色

聚氨酯樹脂原型製作材料的選擇範圍，是以模擬射出成型塑膠的材質特性為目的，補強肋、表面紋路、扣合件、鉸鏈與其他細節等通常與射出成型應用可行性有關聯。

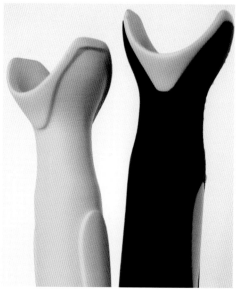

模擬多重射出成型

不同材質特性的塑膠能夠結合一體成為包覆成型，這與多重射出成型工法相同，在這個應用案例中，硬質的部分模仿ABS（Acrylonitrile Butadiene Styrene）樹脂，而表面包覆成型具彈性的軟質部分模仿TPE（Thermoplastic Elastomer）樹脂。

1

2

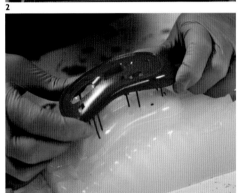

3

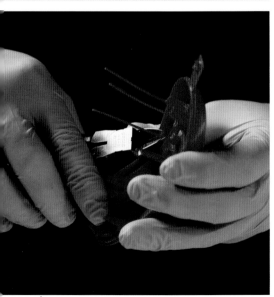

4

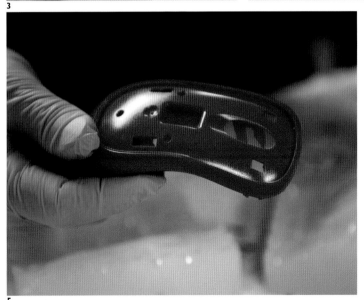

5

案例研究

真空鑄型電腦滑鼠

提供廠商：CRDM

www.crdm.co.uk

　　模具以矽膠製作，金屬製插件用於重現複雜的細節與薄殼斷面（如圖 1）。

　　鑄塑過程於真空室內完成，聚氨酯樹脂注入模具內而不受外部空氣壓力限制影響（如圖 2），當樹脂填滿模具並由冒口溢出。

　　上下模具分離後成品小心地由模內移出，這時冒口溢料仍與成品一體（如圖 3），利用手工將所有冒口溢料移除（如圖 4），鑄塑成品與射出成型量產成品幾無二致，具有補強肋、零件開口、產品標識與霧面的表面紋路（如圖 5）。

真空成型 Vacuum Forming

真空成型技術利用熱塑性塑膠板成型3D立體原型與模型，使用單面模具即可成型，故成本相對便宜，塑膠板材在受熱軟化後加壓成型，熱塑性塑膠板厚度從1毫米至12毫米（0.04–0.47英吋）皆可應用真空成型技術成型。

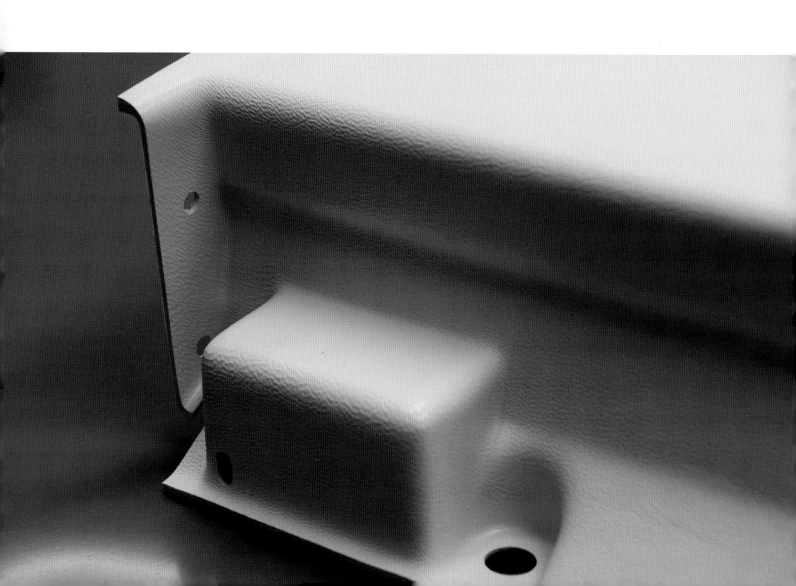

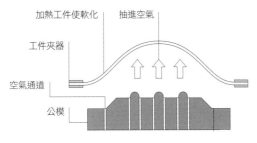

加熱工件使軟化　　抽進空氣

工件夾器

空氣通道

公模

階段 1：預熱工件

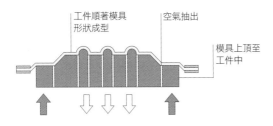

工件順著模具
形狀成型　　　　空氣抽出

模具上頂至
工件中

階段 2：真空成型

什麼是真空成型？

　　將一片熱塑性材料加熱至軟化，當然，每一種熱塑性材料軟化溫度皆不同，例如，聚苯乙烯（Polystyrene簡稱PS）軟化溫度範圍是攝氏127-182度（華氏261-360度），而聚丙烯（Polypropylene簡稱PP）軟化溫度範圍是攝氏143-165度（華氏289-329度），有些材料如耐衝擊聚苯乙烯（High Impact Polystyrene簡稱HIPS），便具有極大的軟化可成型溫度範圍，這些材料較容易使用真空成型工法。

　　在階段一，軟化的塑膠板先吹入空氣使呈鼓起的泡泡狀，目的在使成型前材料拉伸均勻，在階段二，空氣流動方向相反，模具上頂至工件中，利用強大真空吸力將工件牽引而順著模具形狀成型，為協助空氣流動模具上鑽有許多空氣通道，這些通道位於模具凹陷與表面轉折區域，用來增進空氣抽取效能。

品質

熱成型塑膠工件的其中一面由於與模具表面接觸具有較差的質感，但是非接觸的另一面則表面平滑質感良好，因此，建議在設計時應預先考量，將成品成型質感不佳的表面給與適度隱藏。

一般應用

使用範例包括模型與包裝材料、化妝品托盤、飲料杯、公事包、汽車內裝飾板及冰箱內裝等領域的原型製作。

成本與生產速度

模具費用一般偏低或至中價位依工件尺寸、複雜度與生產數量而定，生產速度快，而人工成本低或至中等價位，依所需人力操作工序數目決定。

材料

大部份熱塑性塑造均可應用真空成型工法，真空成型模具可以金屬、木材或樹脂製作，木材與樹脂是原型製作與少量生產的理想模具製作材料。

環境衝擊

這個工法僅運用於熱塑性材料成型，所以未來大部份的報廢材料均可回收。

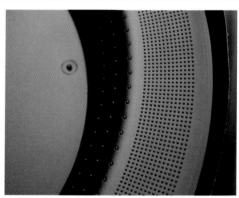

真空成型複雜的表樣式
利用微孔性的鋁材製作模具進行真空成型，製作複雜的表面細節設計成品，例如，小凹陷或大面積平坦區域等，本來是無法有效利用空氣通道抽氣成型的成品，鋁材上的細微孔隙容許抽真空時空氣穿透，方便受熱塑膠在模具上成型，通常應用於原型製作與少量生產，因為，鋁材上的細微孔隙容易阻塞造成成型困難，微孔性的鋁材可利用傳統數值加工製作模具。

1

2

3

案例研究

真空成型一件印刷原型

提供廠商：MiMtec

www.mimtec.co.uk

　原型製作與少量製造成品通常利用聚氨酯樹脂（Polyurethane，簡稱PUR）製作模具（如圖1），而模具則以數值加工成型（CNC Machining，42頁）。

　聚對苯二甲酸乙二醇酯（Polyethylene Terephthalate，簡稱PET）塑膠板，經乙二醇（Glycol）更改特性後稱為PETG並預備進行網印，通常印刷於塑膠板背面以增加對印刷表面的保護，接著印刷後的塑膠板以面朝下方式放入模具內（如圖2），真空成型加工程序開始。

　成型完畢後成品由模具內移出（如圖3），完成的原型製作成品與先前試作品進行比對（如圖4與5），完成品表面圖案細節在網印首印的灰階版本試印時，利用網格與真空成型模具進行定位調校，網格可顯示材料在加工時的拉伸變形，以便於計算印刷圖案位置的調整幅度，讓3D立體成型的成品能與印刷圖案完美對位。

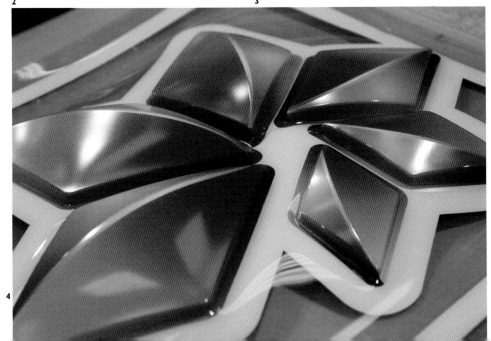

4

5

翻模製造 Mold Making

可利用廣泛成型材料的鑄造工法是需要模具的，模具一旦製作完成便能利用它來生產相同的成品，模具與成品在形狀上是完全相反的，它通常以數值加工製作成型，或直接由3D立體樣板利用翻模製造技術翻製而成。

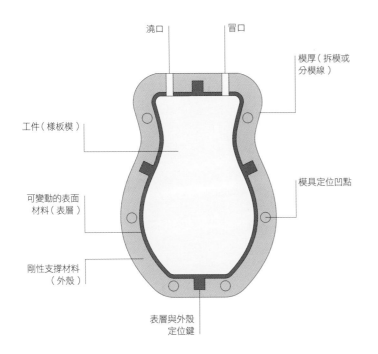

澆口

冒口

模厚（拆模或分模線）

工件（樣板模）

模具定位凹點

可變動的表面材料（表層）

剛性支撐材料（外殼）

表層與外殼定位鍵

什麼是翻模製造？

　　翻模製造可以翻製幾乎任何東西，從泥土上嫌疑犯留下的腳印到大型的雕塑作品，這種多樣性的功能意味著模具製造是一個需要高度熟練技巧的過程，而且需要耗費數天或數周的時間來完成。

　　翻模製造製程的主要考量是為確保翻製的成品能輕易脫模，這需要藉由在模具上設置拆模線來達成（也被稱為分模線），這些分布在模具上連續的拆模線讓模具可以沿著它分離，複雜的形狀具有許多的倒勾部位（undercuts）需要多重的拆模線，這些複雜的拆模線必須小心安排配置，以免影響最終成品的外形與美觀。

提醒設計師

品質

模具品質取決於樣板的品質、工匠的技術與翻製的次數，較長的生產運行對模具的表面材質耐久性有較高的要求。

一般應用

翻模製造應用於製作藝術品、雕塑、雕像、原型與汽車車身面板，然而，這些技術和材料的運用可依據不同的需求而改變。

成本與生產速度

樣板模的製作成本由成品的尺寸與設計的複雜度決定，如果，由現有樣品直接翻製就無樣板模的製作費，生產速度中等至長，人工成本高。

材料

製造模具的材料選擇取決於翻製成品的材質，反之亦然。

環境衝擊

複合材質的模具無法輕易回收，一些使用於建構模具的材料在處理過程時是有害而危險的。

具明顯拆模線的石膏半身像

複雜的外形例如這一座人形半身像臉部，便具有許多的倒勾部位，使用矽膠（Silicone）製作模具由於材料具有足夠的彈性，可讓模具輕易的在多數拆模線裂縫中脫離，但是，如果是直接將硬質模具建構在樣板模上，任何的倒勾部位都必須仔細斟酌，這半身像上的毛邊是拆模線的明顯證明，它顯示出需要多少的模具分件才能完成這件作品，硬質與半硬質毛邊可以輕易的移除，但是，柔性材料的毛邊幾乎不可能完全的移除。

案例研究

複合材料翻模製造

提供廠商：Bronze Age Ltd
www.bronzeage.co.uk

聚氨酯樹脂（Polyurethane Resin，簡稱PUR）泡綿樣板模由 Bakers Patterns 公司利用數值加工製作，然後再利用手工細修後完成（如圖1與2），重要的是，樣板模的表面是與未來成品完全一致的，因為模具能將樣板模上的每一個細節準確再現，在這個案例軟質矽膠表層被塗布於樣板模表面（如圖3），這個步驟的必要性是由於樣板模表面上的許多細節與小的倒勾部位，而使用軟質矽膠表層可以減少分模的數目，當第一層矽膠表層硬化後再利用手工塗覆積層（如圖4），並將表層與外殼定位鍵（Keys）固定於適當位置，它可運用在玻璃纖維外殼上定位矽膠表層（如圖5），當模具重新組合後其內部模穴便形成一個與泡綿樣板模一致的完整複製品，這套模具被運用於製作脫蠟鑄造（30頁）的蠟模，而這件獅身雕塑作品由瓦格斯塔夫（W.W. Wagstaff）創作。

脫蠟鑄造 Lost-wax Casting

脫蠟鑄造也稱為熔模鑄造（Investment Casting），是一種昂貴的金屬鑄造程序，但有時使用的時機遠比成本重要，因此製程的應用極為廣泛，包括快速成型及大型藝術品。在此製程中金屬熔湯在非永久性陶瓷殼模內成型為複雜而精密的形狀。

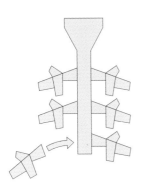

階段 1：組蠟型成樹形

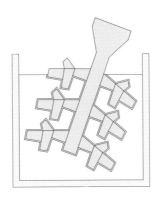

階段 2：組樹沾陶泥

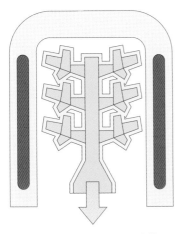

階段 3：倒出溶蠟並燒結陶瓷殼模

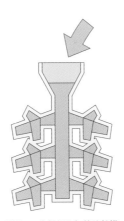

階段 4：金屬倒入加熱的殼模

重要資訊

外觀品質	●●●●●●○○○
成型速度	●●●○○○○○○
模具和夾具成本	●●●●●○○○○
成品單價	●●●●○○○○○
環境影響	●●●●●○○○○

關聯工法包括：
- 壓鑄（Die Casting）
- 鍛造（Forging）
- 金屬射出成型（Metal Injection Molding）
- 快速原型（Rapid Prototyping）
- 砂模鑄造（Sand Casting）

什麼是脫蠟鑄造？

在第一階段將消耗性的蠟型成型，並組成中央進料的系統。在第二階段，將蠟樹浸入陶瓷漿料後再噴覆上細粒的耐火材料。

第三階段，蠟型和流道在蒸汽高壓鍋中熔化流出後將陶瓷殼模加熱至攝氏 1095 度（華氏 2003 度）。

在第四階段，將熔融金屬倒入殼模。一旦金屬鑄件凝固冷卻後，打破殼模取出鑄件。

提醒設計師

品質
脫蠟鑄造能生產優良冶金性能及高完整性的金屬件。金屬表面品質通常很好也能於後加工製程改善。

一般應用
設計師、藝術家與建築師利用這個製程於製作模型、原型、雕塑、珠寶、建築物部件與家具。

成本與生產速度
脫蠟鑄造的模具成本適中，生產週期長有時需數周取決於成品尺寸與複雜度，製程中需要的人力極多，因此人工成本通常很高。

材料
許多種類的金屬可以利用脫蠟鑄造成型，在少量製造的應用中最常見的材料包括銅合金（例如黃銅與青銅）、鋅、鋁與貴金屬（例如金與銀），快速原型技術包括選擇性激光燒結（Selective Laser Sintering，簡稱SLS，105頁）與光固化（Stereolithography，簡稱SLA，110頁），能直接將CAD數據運用於製作蠟模（陶瓷殼模成型於其表面）。

環境衝擊
大部分的製程產生物皆能回收，但是，脫蠟鑄造是高溫與高耗能的製程。

案例研究
脫蠟鑄造青銅藝術品

提供廠商：Bronze Age Ltd
www.bronzeage.co.uk

首先，由藝術家史帝芬杭特（Stephen Hunter）創作一泥塑雕塑，接著按泥塑雕塑的外型翻製成蠟模（參閱26頁），當蠟模在模內硬化後脫模（如圖1）。

蠟模樣板會比最終的成品尺寸稍微放大以吸收鑄造過程中的材料收縮，將蠟模組合形成一個蠟進料系統後塗覆陶瓷漿料（如圖2），接著再噴覆上細粒的耐火材料（如圖3），這需要塗布多層後再以一層玻璃纖維強化塑膠（Glass-Reinforced Plastic，簡稱GRP）增加結構強度。

蠟模樣板在受熱後熔化形成一中空的陶瓷模具，將幾個分件模具加熱到攝氏750度（華氏1382度）然後置入砂槽中定位，接著將熔化的青銅倒入模內（如圖4）並凝固。

經過一小時後可將陶瓷外殼模具擊破脫離，這時模具與青銅成品溫度極高，通常會讓它靜置一晚以充分冷卻，雕像分件隨後進行去邊修整（移除毛邊與入料澆道）後以鎢極惰性氣體電弧焊接（TIG Welding）組立（參閱140頁）（如圖5）。

最後，雕像表面經過人工金屬發色處理（Articifial Patination，167頁），利用加熱與化學藥劑的發色處理能讓青銅表面產生豐富、暗沉與均勻的色澤（如圖6），這件完成的雕塑裝置於英國倫敦（如圖7）。

2

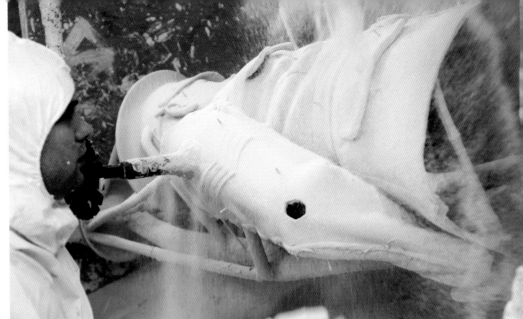

3

4

5

7

6

砂模鑄造 Sand Casting

砂模鑄造應用於以一次性砂模，成型熔化後的鐵系金屬與非鐵系合金，它依靠重力牽引讓熔化後的金屬流入模穴內，因此製作出的成品粗糙，必須利用噴砂、機械加工或拋光進行表面處理。

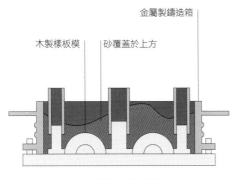

木製樣板模　砂覆蓋於上方　金屬製鑄造箱

第一階段：製作砂模

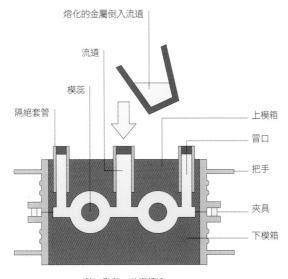

熔化的金屬倒入流道

流道

模蕊

隔絕套管

上模箱

冒口

把手

夾具

下模箱

第二階段：砂模鑄造

重要資訊

外觀品質	●●●●●○○○
成型速度	●●●○○○○○
模具和夾具成本	●●●●○○○○
成品單價	●●●●●○○○
環境影響	●●●●○○○○

關聯工法包括：
- 乾砂鑄造（Dry Sand Casting）
- 濕砂鑄造（Green Sand Casting）

替代及競爭工法包括：
- 離心鑄造（Centrifugal Casting）
- 壓鑄（Die Casting）
- 鍛造（Forging）
- 熔模鑄造（Investment Casting）

什麼是砂模鑄造？

　　砂模鑄造製程由兩個主要階段組成：製作砂模與砂模鑄造，階段1，砂模由兩部分構成，被稱為上模箱（Cope）與下模箱（Drag）。

　　使用於乾砂鑄造的砂具有乙烯基酯聚合物（Vinyl Ester Polymer）塗層，它能於室溫中硬化，同時，聚合物塗層也能使鑄造金屬產生較佳的表面品質，而濕砂鑄造的砂中混入黏土和水，直到具足濕度能壓入模內包覆樣板模，接著讓砂模靜置乾燥，使模內水份完全揮發。

　　階段2，模具由夾具固定，金屬受熱直到高過其熔點數百度後倒入模具的流道，使熔化的金屬湯充滿整個模具。

提醒設計師

品質

砂模鑄造成型的金屬具有獨特的表面質感，因此，所有的鑄造成品均需接受噴砂和拋光手續以獲得較佳的表面處理。砂模鑄造藉由重力牽引熔化金屬流入模穴，所以鑄造成品總會有孔隙的存在。

一般應用

應用範圍包括家具、燈具、建築配件、氣缸頭與引擎組合等。

成本與生產速度

模具費用低，主要來自於樣板模製作，花費較低的樣板模以木材或鋁材經機器加工製作而成，而以泡綿製作的樣板模費用最低。成型時間適中依成品尺寸與複雜程度而定。

材料

砂模鑄造製程適用於鐵系金屬與非鐵系（有色）合金，最常應用於本製程的材料包括鐵、鋼、銅合金（黃銅、青銅）與鋁合金。

環境衝擊

砂模鑄造製程所需能源相當高，由於成型金屬必需被加熱至高於其熔點數百度，在濕砂鑄造每次製程中95%的砂模材料均可回收再利用。

案例研究

翻砂鑄造燈具外殼

提供廠商：Chiltern Casting Company
www.chiltoncastingcompany.co.uk

模具準備開始先將砂覆蓋整個樣板模後壓實，再將樣板模移除露出模穴（如圖1）。

將成型用金屬加熱至高於其熔點（如圖2），然後倒入流道讓金屬熔湯注滿模穴直到滿溢至冒口。當模穴被金屬熔湯充滿後將放熱型金屬氧化物（在案例中為氧化鋁）倒入流道及冒口內（如圖3），這些金屬氧化物粉末以高溫燃燒，讓鋁在模具的頂部內保持更長的熔化狀態，這樣能有效降低鑄造成品表面孔隙。

15分鐘後沿分模線將砂模鑄造模箱分離，打破砂模後將砂由金屬鑄件周圍移除（如圖4），成品在切除流道系統殘留後準備進行表面處理（如圖5）。

2

3

4

5

鈑金成型 Panel Beating

鈑金成型是指利用手工具、沙袋、異型滾輪和夾具以控制金屬鈑材的成型。流暢的曲線和波浪起伏的形狀都可成型：結合金屬焊接等金屬鈑材成型工藝，鈑金成型由技術熟練的操作員能製作生產幾乎任何形狀的金屬成品。

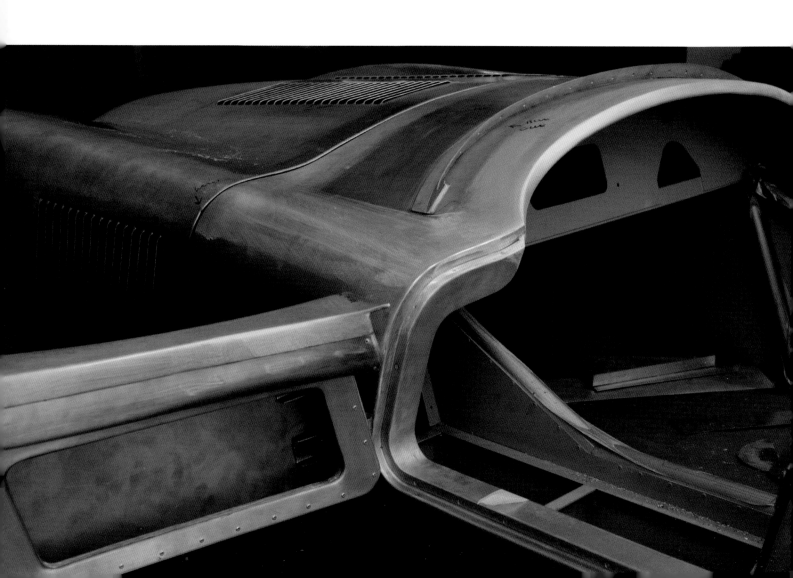

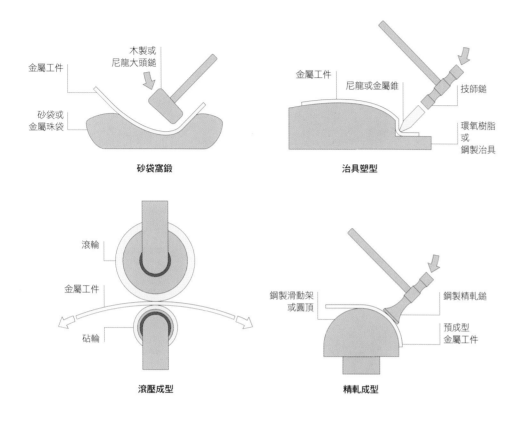

金屬工件
木製或尼龍大頭鎚
砂袋或金屬珠袋

砂袋窩鍛

金屬工件
尼龍或金屬錐
技師鎚
環氧樹脂或鋼製治具

治具塑型

滾輪
金屬工件
砧輪

滾壓成型

鋼製滑動架或圓頂
鋼製精軋鎚
預成型金屬工件

精軋成型

重要資訊

外觀品質	●●●●●○○○○○
成型速度	●●●○○○○○○○
模具和夾具成本	●●●○○○○○○○
成品單價	●●●●●●●○○○
環境影響	●●●○○○○○○○

關聯工法包括：
• 窩鍛成型（Dishing）
• 治具塑型（Jig Chasing）
• 精軋成型（Planishing）
• 滾壓成型（Wheel Forming）

替代及競爭工法包括：
• 金屬沖壓成型（Metal Press Forming）
• 金屬旋壓成型（Metal Spinning）
• 超塑性成型（Superplastic Forming）

什麼是鈑金成型？

　　砂袋或金屬珠袋仍然貫用於一些鈑金成型應用上，窩鍛成型較為快速但較不精確，在鈑金成型的技術上比較不易控制。

　　治具塑型（或稱鎚擊成型）是利用拉伸與壓縮金屬鈑以吻合治具形狀的鈑金成型技術，治具可以是軟質的環氧樹脂（Epoxy）製作或硬質的合金鋼製作。

　　滾壓成型或稱為英式輪壓（English Wheeling），金屬工件在滾輪與鐵砧前後來回碾壓，滾輪的平整輪面與具有輪廓造型（Crown）的鐵砧配合。

　　精軋成型是一種精加工成型，基本上，是在平滑的表面上反復和重疊地以錘子敲擊。

品質

熟練的技術人員可以組合精軋和拋光工序來完成卓越的"A級"鈑金成型表面。這些技術被用於製作賓利轎車（Bentley）閃閃發亮的不銹鋼零件，因為生產所要求的表面平順度極高。

一般應用

鈑金成型應用在汽車、航空航天和家具產業，作為原型製作、預備製造和少量生產的製程。

成本與生產速度

模具成本低至中度，取決於成品的大小和複雜性。製程所需時間適中：鈑金成型可以在大約六個星期左右由3D電腦輔助設計圖，完成汽車的底盤和車身零件建造。這是一個人工密集的製程且技師的技術水平要求非常高。

材料

大多數含鐵的金屬和非含鐵的金屬都可以這種方式成型。

環境衝擊

鈑金成型是一種有效的材料和能源利用。雖然有可能在前製程與後續表面加工製程中產生廢料，但在鈑金成型製程中無廢料產生。

奧斯汀-希利3000
這輛奧斯汀希利3000由CPP（製造）公司賦予它全新的車體，鈑金成型幾乎可以製作任何形狀的金屬成品。無論大或小半徑的曲線都能由技巧熟練的技術人員輕易完成。金屬鈑可藉由壓花、加凸點或凸緣等工法，在不增加重量的前題下提高剛性。

砂袋窩鍛
砂袋窩鍛成型目前主要限於原型製作。

1

鈑金成型世爵（Spyker）

提供廠商：CPP（Manufacturing）Ltd
www.ccp-uk.com

　　本案例研究展示了以鋁合金生產的世爵（Spyker）C8（如圖 1）。

　　金屬鈑先裁切成適當大小，並於成型滾輪之間來回重疊的敲擊（如圖 2），每次工序都稍微的拉伸金屬，使金屬鈑逐漸形成雙向彎曲形狀。

　　當金屬鈑的正確曲率大致取得之後，將金屬鈑工件轉移至塑型治具。工件以固定夾在環氧樹脂治具的表面定位，接著金屬鈑被逐步的拉伸和加壓來確立形狀（如圖 3 與 4）。

　　各個鈑金件分別成型然後匯集於一個治具上。接著以鎢極惰性氣體電弧焊接（TIG）（參閱 140 頁），以形成堅固的無縫接合（如圖 5）

2

3

4

5

數值加工成型 CNC Machining

數值加工包括了一系列的塑形過程,是用於製造精密、高品質的模具、產品和藝術品。它通常被運用以金屬、塑膠、木材、石材、複合材料和其他材料等,來製作大型具波浪起伏形狀,與具有複雜細節的技術性產品。

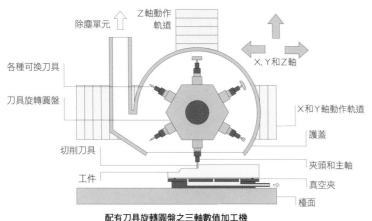

配有刀具旋轉圓盤之三軸數值加工機

除塵單元
Z軸動作軌道
各種可換刀具
刀具旋轉圓盤
X,Y和Z軸
X和Y軸動作軌道
護蓋
切削刀具
夾頭和主軸
工件
真空夾
檯面

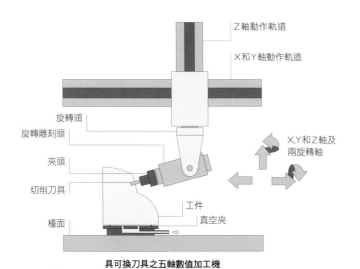

具可換刀具之五軸數值加工機

Z軸動作軌道
X和Y軸動作軌道
旋轉頭
旋轉雕刻頭
X,Y和Z軸及兩旋轉軸
夾頭
切削刀具
工件
真空夾
檯面

重要資訊

外觀品質	●●●●●●●○
成型速度	●●●○○○○○
模具和夾具成本	●●●●●○○○
成品單價	●●●●●●○○
環境影響	●●●●○○○○

關聯工法包括：

- 數值車床加工（CNC Lathe Turning）
- 數值銑床加工（CNC Milling）
- 數值雕刻（Routing）

替代及競爭工法包括：

- 數值轉塔沖壓（CNC Turret Punching）
- 放電加工（Electrical Discharge Machining，簡稱EDM）
- 雷射切割（Laser Cutting）
- 快速成型（Rapid Prototyping）
- 反應式射出成型（Reaction Injection Molding）
- 真空鑄型（Vacuum Casting）
- 木質薄片積層（Veneer Laminating）

什麼是數值加工成型？

　　在眾多不同類型的數值機床中，數值銑床，數值雕刻機基本上是相同的。在另一方面，數值車床以不同的模式運作，因為加工成型時工件旋轉，而不是工具。木工和金屬加工行業可能會使用不同的名稱但類似的工具和操作，名稱和工法可以追溯到在全手工加工時期製作這些成品的特定工具和設備。

　　數值機械有X和Y軸軌道（水平向）和一個Z軸軌道（垂直向）。

　　許多不同的工具用於切割過程中，包括切削頭（側面或表面）、槽鑽（切割動作沿軸以及端點以切開槽和仿形切削）、錐形、仿形、鳩尾和凹槽鑽切、球頭銑刀（與一圓頂頭，三維曲面成形和挖空的理想工具）。相較之下，由於工件旋轉，所以數值車床使用單點刀具。

提醒設計師

品質

數值加工生產高品質的公差極小的零件。工件切割痕跡可以減少或消除,比如,使用研磨、砂磨或拋光(170頁)零件。

一般應用

數值加工是一種具經濟效益的成型工法,對於製作模型、原型、樣板及使用於脫蠟鑄造(30頁)與反應式射出成型(14頁)的模具、電影道具與劇院舞台裝置。

成本與生產速度

模具成本是最少的,而且僅限於治具和其他夾持設備,一旦機器設定後,製造時間相當迅速。

材料

幾乎任何材料都可以數值加工,包括塑料、金屬、木材、玻璃、陶瓷和複合材料。

環境衝擊

這是一個減料的製程,因此運作會產生廢料。現代的數值控制系統具有非常複雜的除塵裝置,以收集所有的廢料回收再利用或焚燒以利用生成熱量及能量。而粉塵是可能產生危險的,特別是當某些物質的粉塵結合後會變得不穩定。

扎哈哈蒂(Zaha Hadid)的雕塑

這件由知名建築師創作的雕塑品裝置於香港,具有數值加工成型泡綿內芯並於表層被覆玻璃纖維樹脂補強(參考94頁)。這是一種具經濟效益的工法對於應用在製作例如引人注目的限量版家具、頂篷與接待桌等,幾乎任何形狀與表面處理都能利用數值加工完成。

模型製作泡綿

幾乎任何材料都可以利用數控加工塑型,這些聚氨酯樹脂(Polyurethane Resin,簡稱PUR)樣品可以應用於製作模型、樣板與模具。它具有各種不同的密度可供挑選從輕量具開孔性的泡綿到硬質的塊體。

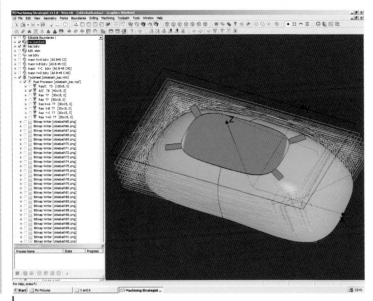

1

案例研究
數值加工聚苯乙烯材質原型

提供廠商：Bakers Patterns Ltd
www.polystyrenemodels.co.uk

　　電腦輔助設計（CAD）檔案基本上以STL格式儲存，加工刀具與切削路徑依工件表面粗細度與成型效益的要求作選擇（如圖1），對於複雜零件和繁複的細節加工過程需耗時數小時。在此案例中整塊的發泡聚苯乙烯（Expanded Polystyrene，簡稱EPS，俗稱保麗龍）被放置於機床上利用高速切削工具進行"粗切削"，現在可以看到基本成型的產品（如圖2），接著更換切削工具以製作光滑且均勻的表面後加工（如圖3）。

　　當工件底部加工完成，接著翻轉工件並對準機床中心，然後就工件內部輪廓進行"粗切削"（如圖4與5），完成的工件內外均具有光滑的表面處理（如圖6），此外還可以藉由研磨後被覆樹脂來改善成品表面，加工剩餘廢料經收集、壓縮回收再利用。

2

3

4

5

6

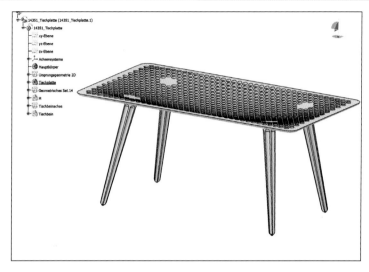

濾器型桌（Colander Table）電腦輔助設計（CAD）檔案

數值加工是一種電腦輔助製造（Computer-Aided Manufacturing，簡稱CAM）程序，換言之，所有數值加工機台都須藉電腦指揮以進行操作，電腦輔助設計檔案內的每一細節被轉換為切削路徑和選取適當的切削刀具，就複雜構造的產品需耗時數小時，因此，最重要的是CAD檔案必須完全依設計師預想的原型或產品繪製，因為它會完整地由CAM過程複製，這也意味著，每一個由數值加工製作的產品是可以不同的，而且不會影響生產的時間和質量。

案例研究
數值加工濾器型桌（Colander Table）

提供廠商：丹尼爾洛赫（Daniel Rohr）
www.daniel-rohr.de

濾器型桌（Colander Table）由德國設計師丹尼爾洛赫（Daniel Rohr）創作於2005年（如圖1），桌面以一整塊重達408公斤（899磅）的鋁塊經由數值加工完成，四支濾器型桌腳也由數值車床分別加工完成。

整張桌子由製作開始到表面拋光完成時間長達四週。首先，將整塊鋁錠裝上機床並鎖固定位（如圖2），桌面凸起的輪廓藉由重疊切削路徑的粗切削工具來完成（如圖3），接著由細切削工具同樣以重疊切削路徑進行表面修整，然後鑽孔加工（如圖4），為了保持溫度下降以大量的潤滑劑和冷卻劑噴注於刀具和鋁件上。

桌面輪廓加工完成後將局部完成的鋁錠翻轉，接著對桌子底面加工（如圖5），當表面光滑的形狀順利完成後再進行鏡面拋光（如圖6），最終，將桌腳固定到位。

1

數值控制轉塔沖壓 CNC Turret Punching

圓形，方形和異形的孔洞由板材經電腦控制鋼質沖頭沖壓成型，這些技術是裁切的製程，在結合鈑金成型和接合技術後，能生產出一系列針對原型設計和小批量生產的幾何形狀成品。

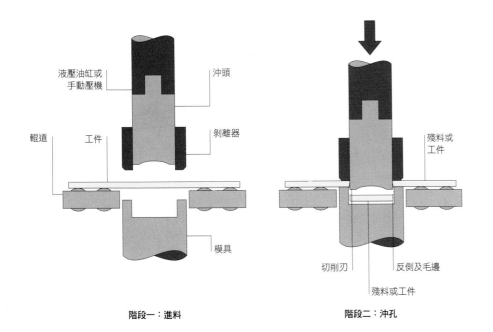

液壓油缸或
手動壓機

沖頭

輥道

工件

剝離器

模具

階段一：進料

殘料或
工件

切削刃

反側及毛邊

殘料或工件

階段二：沖孔

重要資訊

外觀品質	●●●●●●●○
成型速度	●●●●●●○○
模具和夾具成本	●●●●●●○○
成品單價	●●●●●●●○
環境影響	●●●●●●○○

關聯工法包括：
- 沖裁成型（Blanking）
- 沖孔成型（Punching）

替代及競爭工法包括：
- 數值加工成型（CNC Machining）
- 雷射切割（Laser Cutting）
- 水刀切割（Water-jet Cutting）

什麼是數值控制轉塔沖壓？

不管是以轉塔沖壓、沖壓或手動壓機，他們的操作都是一樣的。它可以沖單孔，同時沖多孔，或以相同沖頭連續沖出許多孔。

階段一，工件進料到輥道上。階段二剝離器和模具將工件夾持，硬化的沖頭沖過工件，造成沖頭週邊和模具之間的材料斷裂。

完成沖裁沖頭退出時剝離器可確保沖頭的自由退出。沖頭沖出部分或其週邊的材料都可能是殘料，這取決於是沖或裁的操作程序，在兩種狀況下殘料都會收集回收。

品質

這是一種精密的裁切技術，裁切的動作在切口邊緣形成"反側"，然後截斷材料的邊緣，如此將造成尖銳的毛邊必須以研磨和拋光（參閱170頁）去除。

一般應用

一些代表性產品包括消費電子與家電外殼、過濾器、墊片、鉸鏈、一般金屬製品與汽車車身零件的原型製作與少量製造。

成本與生產速度

一般中小型模具並不貴，週期相當快，每分鐘約可沖1-100下，人工成本由中度到高。

材料

幾乎所有的金屬材料都可以沖裁，它最常使用於碳鋼、不銹鋼、鋁和銅合金，和其他材料包括皮革，織布，塑膠，紙與紙板等。

環境衝擊

工件可以在平板上有效率地排列以減少殘料，任何殘料都將收集分類後回收再利用，所以材料很少被浪費掉。

連結片（上圖）

工件經沖裁後藉由連結片接合成為片狀的材料，這些連結片是為確保工件在沖裁製程中不致位移，但他們也必須足夠的脆弱，讓這些工件能以手工分離。工件上留下的毛邊必須以拋光方式移除，除非它是隱藏在凹陷處。

金屬外殼（左）

數值控制轉塔沖壓經常與壓彎成型（參閱124頁）配合以製作金屬外殼，如案例成品具有固定點，散熱口和存取開口。

1

2

數值控制轉塔沖裁鋁板

提供廠商：Cove Industries
www.cove-industries.co.uk

　　以一系列配沖頭和模具進行轉塔沖壓
（如圖1），沖頭週邊橘色部份是剝離器可
確保沖頭容易由工件中退出，該組模具被
裝置到轉塔，並將它們的所在位置編寫進
電腦控制的軟體程式中（如圖2）。

　　每一道加工程序所產生的小件殘料都被
吸入收集籃中集合回收（如圖3），但是，
在沖裁的製程中這些小金屬件才是成品。

　　完成沖裁加工後的成品經過檢驗與清潔
（如圖4）。在這案例，沖裁鋁板再以壓彎
成型（參閱124頁）製成金屬外殼。

3

4

放電加工 EDM

這兩種加工技術是雕模放電加工（die-sink Electrical Discharge Machining，簡稱EDM），也被稱為火花蝕刻，而線切割放電加工（wire EDM），也被稱為線蝕刻，這些精密的加工程序被應用於加工金屬同時並同時成型金屬表面紋理，它們可利用在製作傳統數值加工成型無法成型的製品構造。

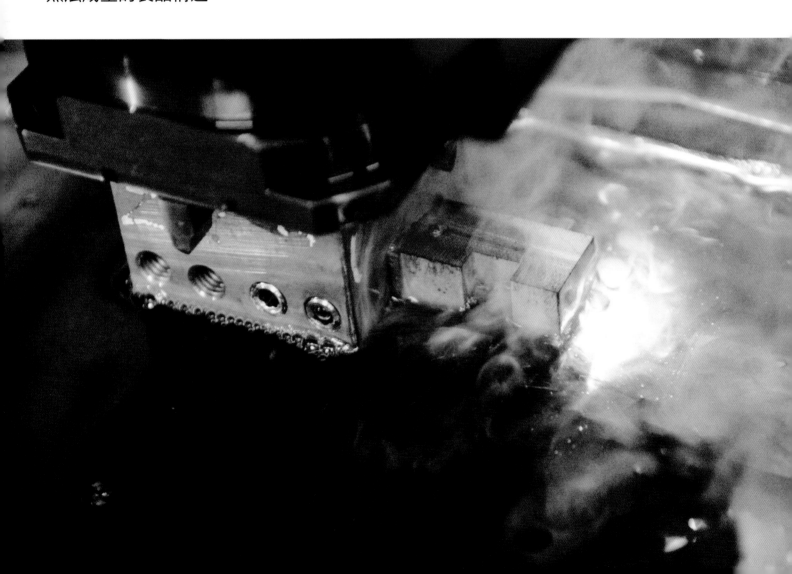

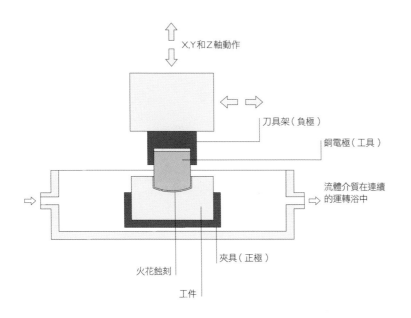

X,Y和Z軸動作

刀具架（負極）

銅電極（工具）

流體介質在連續
的運轉浴中

火花蝕刻

夾具（正極）

工件

重要資訊

外觀品質	●●●●●●○○
成型速度	●●○○●●●○
模具和夾具成本	●●●●●○○○
成品單價	●●●●●●○○
環境影響	●●●●●○○○

關聯工法包括：
- 雕模放電加工（Die-sink EDM）
- 線切割放電加工（Wire EDM）

替代及競爭工法包括：
- 數值加工成型（CNC Machining）
- 雷射切割（Laser Cutting）
- 水刀切割（Water-jet Cutting）

什麼是雕模放電加工？

　　雕模放電加工產生時必須將電極（工具）和工件浸沒在輕油中，它有點類似煤油（Paraffin）。這種流體介質連續地的運行，以保持工作溫度和沖洗掉蒸發物質。

　　銅電極（工具）和金屬工件彼此貼近以引發起火花侵蝕的過程，高壓火花從電極飛躍至工件同時汽化金屬表面，當放電作用跳動於電極和工件的最近點之間時，形成連續而均勻的表面材料去除。

品質

放電加工零件的質量是如此之高，因此他們可以被用來製造射出成型模具而不再需要其他的加工。部件可以準確地進行生產達到5微米（0.00019英吋）的精度。

一般應用

它已被模具製造行業廣泛採用在射出成型，金屬鑄造和鍛造的模具製作上。它也可用於模型製作，原型製作和一般不超過10件的少量生產。

成本與生產速度

線切割放電加工不需要模具。而雕模放電加工的模具則是相對便宜，但對於精密工件每一個製程都需要新的模具。加工成型時間是中度約與數值加工成型相當，但是取決於工件表面平滑度的要求。

材料

金屬包括不銹鋼，工具鋼，鋁，鈦，黃銅和純銅等材料常見於應用這種成型方式。

環境衝擊

這個過程需要大量的能量來蒸發金屬工件，而在操作過程中發出的煙霧，它可以是具危險的。

射出成型

這些射出成型模具的模穴以雕模放電加工製作，雕模放電加工可應用於零件的內部結構製作，這些通常無法以傳統加工方式成型，主要因為呈負形的銅電極可以輕易加工成型但這卻不易在模穴內直接加工，而負形的電極（工具）將被複製於工件上產生尖銳角和複雜的特徵，這以其它成型技術是無法完成的。

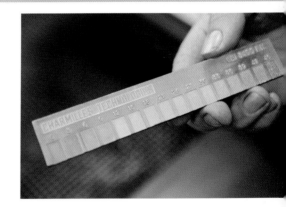

表面粗糙度的規格

表面粗糙度是由德國工程師協會（Association of German Engineers）制定的表面紋路粗糙度標準（VDI Scale），VDI scale將可比較表面平均粗糙度（Roughness Average, 簡稱Ra）定義由0.32–18微米（0.000013–0.00071英吋）。

1

2

3

雕模放電加工

提供廠商：Hymid Multi-Shot Ltd
www.hymid.co.uk

在這案例中模穴以高碳鋼材質製成，這時利用其它機械加工方式，以硬金屬製作錯綜複雜結構的模穴是不容易完成的，除非是使用放電加工製作。

銅合金模具（電極）置入模座並與工件對準定位（如圖1），在粗加工會產生火花和煙霧（如圖2），每秒會有幾千火花產生，而每個火花會蒸發一小片的表面材料，由此產生的表面平滑度非常粗糙（如圖3）。

為了獲得更精細的表面平滑度，後期加工過程就必須明顯地放慢（如圖4）。

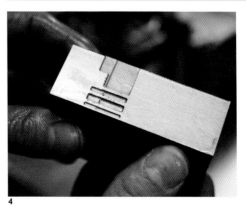

4

什麼是線切割放電加工？

　　在這個過程中電極絲，通常由純銅或黃銅製成，由供應卷筒內被送入並介於接收卷筒之間。該電極絲維持一定的張力以切割直線，引導頭沿x和y軸並行移動藉以產生外形而單獨地沿x和y軸以產生錐度。線切割放電加工以高電壓運轉，放電的導線穿過工件推進，類似雕模放電加工製程，火花發生在間隙最小的金屬之間。

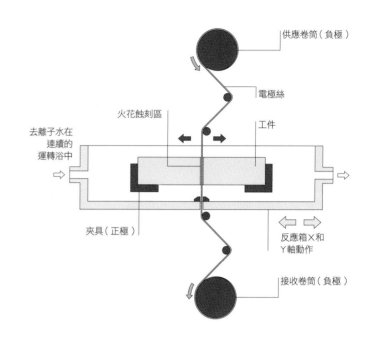

供應卷筒（負極）

電極絲

火花蝕刻區

工件

去離子水在連續的運轉浴中

夾具（正極）

反應箱X和Y軸動作

接收卷筒（負極）

雕模放電加工模具以線切割放電加工成型
線切割放電加工的工作模式如同以熱導線切割聚合物泡綿，當然，它是相對的精確而緩慢得多。這件非常小的雕模放電加工模具以線切割放電加工的製程切出成型，由於它體積太小而且構造複雜，因此無法以傳統的數值加工成型方式製作。

1

2

3

4

提供廠商：Hymid Multi-Shot Ltd
www.hymid.co.uk

　　部分加工的高碳鋼工件被置入夾具然後緊固到位，先鑽一個小孔為前置準備：這個孔就是電極絲被送入而通過處（如圖 1）。

　　工件和電極絲接著被浸沒在充當絕緣體的去離子水中（如圖 2），而一旦浸沒完成，切割的過程開始（如圖 3）。

　　在成品上你可以辨認出由預鑽小孔至切削輪廓的切口線（如圖 4）：圖 4 中左側的部分為工件切割之前，中間的部分為完成的工件，右側的部分為已被切除的材料。

電鑄 Electroforming

電鑄與電鍍製程是一樣的，不過它是由非導電性材料進行。它首先將工件表面覆蓋銀粒子層，進而在銀粒子層表面上再次形成金屬沉積。被電鑄的對象可作為模具，或封裝。

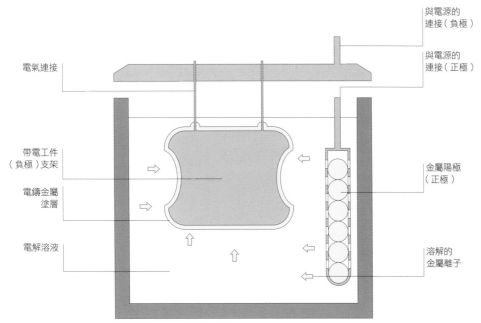

電氣連接

與電源的
連接（負極）

與電源的
連接（正極）

帶電工件
（負極）支架

電鑄金屬
塗層

電解溶液

金屬陽極
（正極）

溶解的
金屬離子

重要資訊

外觀品質	⬤⬤⬤⬤⬤⬤⬤
成型速度	⬤⬤◐⬤⬤⬤⬤
模具和夾具成本	⬤⬤⬤⬤⬤◯◯
成品單價	⬤⬤⬤⬤⬤⬤◯
環境影響	◐⬤⬤⬤⬤◯◯

關聯工法包括：

• 金屬封裝（Metal Encapsulation）

替代及競爭工法包括：

• 數值雕刻（CNC Engraving）
• 數值加工成型（CNC Machining）
• 電鍍（Electroplating）
• 雷射切割（Laser Cutting）

什麼是電鑄？

　　將模具表面的銀粒子塗層連接到直流電源，這會導致懸浮金屬離子在電解溶液中與銀粒子塗層鍵結而建立一層純金屬。

　　當工件表面上的電鍍層厚度建立起來時，電解液中的金屬離子含量不斷補充的由金屬陽極溶解，金屬陽極懸浮於電解液內具導電性的穿孔籃子中。

　　電鍍層的厚度受到精確控制，範圍可由5微米（0.00019英吋）至25毫米（0.98英吋.）厚。

提醒設計師

品質

表面平滑度是一個精確並與模具表面相反的複製品,因此,表面平滑度品質由原產品決定。

一般應用

由於電鑄製程特殊的準確性,它經常應用於生物醫學儀器,微孔篩網和刮鬍刀網等,而裝飾性應用則包括電影道具,雕塑和珠寶。

成本與生產速度

模具成本取決於工件的複雜程度,加工成型時間則依電鑄的厚度,而人工成本一般由溫和到高。

材料

幾乎任何材料,如木材,陶瓷和塑膠都可以金屬電鑄或封裝,任何不能用作芯棒的材料可先以矽膠複製。電鑄使用的金屬包括鎳,銅,銀和金。

環境衝擊

電鑄是一種加料而不是減料製程,因此只有所需材料的數量被使用。不過,電鑄製程需要使用大量的危險化學藥品。

金屬封裝

在與相同於基本電鑄過程之前,工件由均勻的導電銀粒子層完全覆蓋,因此不能被再利用。在這個案例中,木雕已被封裝了一層薄薄的金鍍膜。

1

　　矽膠製模具由手工雕刻件複製，並塗上純銀粉末（如圖 1），這表面塗層連接到直流電源並將模具整個浸沒在電鑄槽內（如圖 2），電解液中的新鮮離子是由純銅陽極（如圖 3）提供，銅沉積在模具的表面形成均一的壁厚。

　　經 48 小時後成品完整成型（如圖 4），並具有 1 毫米（0.04 英吋）銅鍍膜壁厚。

2

3

4

陶磁手拉胚成型 Ceramic Wheel Throwing

陶瓷產品是左右對稱的，可在拉胚機軸上旋轉成型。陶瓷產品的每一組件型式，形狀和功能可依據創作的工藝師而不同，而每一個工作室和工藝師在適應後再發展出自己的技術。

旋轉陶壺

定位板

拉胚機

重要資訊

外觀品質	●●●●●●○○
成型速度	●●●○○○○○
模具和夾具成本	●●○○○○○○
成品單價	●●●●●○○○
環境影響	●●●●●●○○

替代及競爭工法包括：

* 陶瓷壓塑成型（Ceramic Press Forming）
* 陶瓷注漿成型（Ceramic Slip Casting）
* 旋胚成型（Jiggering and Jolleying）

什麼是陶磁手拉胚成型？

　　將預定數量的陶土拋出定位於"定位板"上，然後將它放置在拉胚機。球狀陶土集中在紡車上通常由電動馬達驅動。

　　當拉胚機的轉盤開始旋轉，工藝師逐步將陶土塊垂直牽引向上，而成為一個具有均勻壁厚的圓柱體。雖然陶土胚體可逐步被塑造成各種構造形狀，但陶土拉胚必須一直以這種方式開始，以確保陶土的均勻壁厚和壁身壓力分佈。

　　陶瓷產品以這個方式製作需要被燒結兩次。首先，以素燒消除所有的水分，接著準備為陶土素胚上釉，最後，被置入窯爐中以攝氏溫度1200-1400度（約華氏2192-2552度）釉燒。

品質

由於是手工製作，陶器拉胚的品質較易參差不齊，這取決於工藝師的技巧和材料本身。粗陶器和瓷器具有比陶器更好的機械加工特性，因此可以被拉出更薄的成品壁厚。

一般應用

手拉胚成型應用於生產各式各樣的園藝用品，廚具及餐具。

成本與生產速度

沒有模具的成本。成型所需時間中度，但賴於成品複雜度與組件尺寸。燒結時間可以很長，取決於產品是否需要先素燒然後釉燒，或只需一次燒結完成。人工成本是中度到高。

材料

陶器，粗陶器及瓷器，都可利用手拉胚成型。其中，瓷器是最困難的材料而陶器是最簡單的，因為它較為堅固並具高容許度。

環境衝擊

在整個陶器的成型過程沒有有害副產品產生。然而，燒製的過程對能量消耗極高，因此在燒製的過程中窯內通常需滿載後開爐，以降低每次燒製所消耗的能源。

上顏色

釉藥是應用於上色，製造裝飾效果並使陶器水密。陶瓷釉料通常是由二氧化矽結合了金屬氧化物顏料如銅、鈷或鐵等。在燒窯中高溫導致矽和金屬氧化物融化，在陶瓷的表面形成一個光滑的玻璃塗層。

各種不同的形狀

這一製程的本質是所有組件均須旋轉對稱。要製作非對稱的造型，其他的技巧如手工、雕刻和壓模等必須與手拉胚相結合。把手、壺腳，壺嘴和其他的裝飾在手拉胚完成後添加。

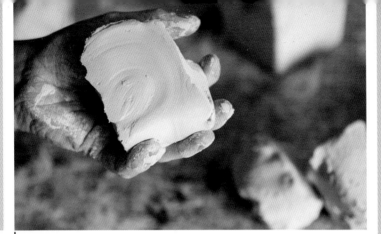

1

案例研究
手拉胚成型杯與盤

提供廠商：Rachel Dormor Ceramics
www.racheldormorceramics.com

　　以手工量測預定數量的瓷土以確保手拉
胚的正確一致性（如圖1），當然，練土是
必不可少的過程，因為練土可以平衡材料
的密度並使其柔順易於塑型。

　　瓷土塊由手旋轉和定位中心點，然後工
藝師將它成型為甜甜圈的形狀（如圖2），
接著，瓷土經手拉胚成為壁厚均勻的圓柱
體，然後塑型成杯子的構造（如圖3）。

　　杯子在握把以瓷泥與其黏合前被留置
並風乾大約1小時，一旦瓷胚硬度足夠之
後，它們就可以準備進行首次燒結（如圖
4）。

2

3

4

旋胚成型 Jiggering and Jolleying

製造這些陶瓷餐具的量產複製成品技術也運用於生產廚房的用品和餐具，包括壺，杯，碗，碟和盤子。雖然他們都可以全部自動化，但這些技術往往仍以手工進行。

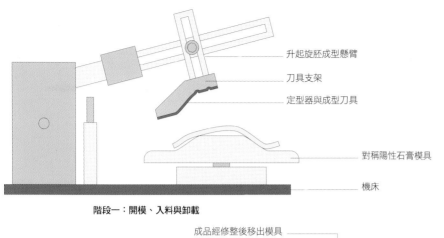

升起旋胚成型懸臂
刀具支架
定型器與成型刀具
對稱陽性石膏模具
機床

階段一：開模、入料與卸載

成品經修整後移出模具

在石膏模具上施加壓力對陶土塑型
石膏模具以高速旋轉

階段二：合模

重要資訊

外觀品質	●●●●●●○○
成型速度	●●●●●●●○
模具和夾具成本	●●●●●○○○
成品單價	●●●●●●○○
環境影響	●●●●○○○○

替代及競爭工法包括：
- 陶瓷壓塑成型（Ceramic Press Molding）
- 陶瓷注漿成型（Ceramic Slip Casting）
- 陶磁手拉胚成型（Ceramic Wheel Throwing）

什麼是旋胚成型？

當旋胚成型（Jiggering）的製程，如果模具是與成品的外部表面而不是內部表面接觸，便稱為陰模旋胚成型（jolleying）。石膏"陽性"模具是用於旋胚成型，而"陰性"模具則是用於的陰模旋胚成型。

第一階段，一定數量的陶土被加載到一個高速旋轉的模具。第二階段，旋胚成型手臂被移下至陶土上。

裝有成型刀片的異形定型器對陶土加壓，讓陶土依模具的形狀塑型。整個成型過程非常迅速，耗時不到一分鐘。

品質

旋胚成型和陰模旋胚成型可以製作表面平滑度非常高的成品。應用在壓製成型的陶瓷材料具有脆性和多孔的特性,所以表面往往需藉上釉瓷化,來提供了一種防水的密封性。

一般應用

應用範圍包括餐具(如盤子、碗、杯、碟、盤等和其他廚房與餐具器皿)、水槽和洗手盆、珠寶和瓷磚。

成本與生產速度

旋胚成型和陰模旋胚成型模具成本相對較低。週期時間是快速,熟練的操作者可以在一分鐘左右製作一件成品。人工成本適中。

材料

陶土材料,包括陶器,粗陶器及瓷器,可應用旋胚壓製成型。

環境衝擊

所有旋胚壓製成型產生的廢料都發生於"綠色"階段,因此可以直接回收。在陶器的成型過程中沒有有害副產物產生。不過,燒製過程是能源密集的,因此在燒製的過程中窯內通常需滿載後開爐。

模具用於旋胚成型(上圖)
每一個設計需要不同的模具,如果產量大時則需要使用多組模具,因為成型過程中的成品需要留置在模具上,等待陰乾後再進行素燒。

以旋胚成型重現表面細節(左圖)
旋胚成型應用於大量生產形狀相同的成品,它可以再現複雜的表面細節,由於成品表面的花樣是直接與石膏模具接觸,能在成品的外表面呈現浮雕和鏤空的細節(在陰模旋胚成型時於內表面),正當陶土還是"綠色"階段時。

1

2

3

4

5

案例研究

旋胚成型盤子

提供廠商：Hartley Greens & Co.（Leeds Pottery）
www.hartleygreens.com

　　首先，"煎餅狀"的陶土被快速旋轉直到具有均勻壁厚（如圖 1），接著被轉移至快速旋轉的石膏模具中，然後旋胚成型手臂被下移至陶土上並在外表面成型（如圖 2）。

　　當最終成型完成後接著邊緣被修整，模具和陶土從金屬承架上完好無損的移除（如圖 3），陶土成品被留置在模具內，直到它具有足夠的"綠色"（乾燥定型）後下模。

　　陶土成品進行素燒以去除其中剩餘的水分，這個過程需在窯內耗時超過八小時，陶土成品的溫度上升後穩定在攝氏 1125 度（華氏 2057 度）一小時後緩慢降溫。在第一次素燒後，盤子由模具中移除然後修整邊緣（如圖 4 與 5）。

　　接著進行其餘所有表面的裝飾作業，如素燒胚進行釉燒前的上釉和手工彩繪（如圖 6）。

6

玻璃窯爐成型 Kiln Forming Glass

這種玻璃成型技術也被簡稱為 "陷落" 或 "覆蓋"，成型過程先將玻璃置入窯爐內加熱，直到它變得柔軟足以垂墜入模具內，或以玻璃自身的重量覆蓋過一預設形體。並利用真空或夾具來增加精確度。這種玻璃成型技術利用於生產工程和手工藝製品。

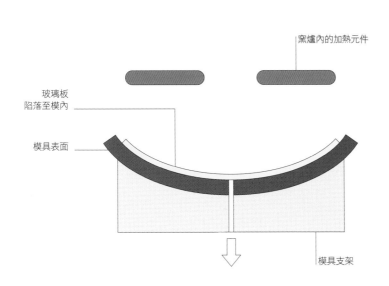

窯爐內的加熱元件

玻璃板
陷落至模內

模具表面

模具支架

重要資訊

外觀品質	●●●●●●○○
成型速度	●●●●○○○○
模具和夾具成本	●●●●●○○○
成品單價	●●●●●●○○
環境影響	●●●●●○○○

關聯工法包括：
• 燒熔成型（Fusing）
• 積層成型（Laminating）

替代及競爭工法包括：
• 數值加工成型（CNC Machining）
• 熱工拉絲成型（Lampworking）
• 玻璃吹製（Studio Glassblowing）

什麼是玻璃窯爐成型？

模具以耐火磚或合適的材料製造，這些材料能夠承受窯爐內的高溫。平板玻璃垂墜入模具內或覆蓋過一預設形體，模具的表面平滑度將決定與其接觸的玻璃表面，而另一邊的玻璃表面將保持光滑亮澤。

窯爐內的溫度一般達攝氏 650-850 度（華氏 1202-1562 度），而玻璃加熱和退火所需的時間則取決於成型玻璃的類型。精確的溫度和時間控制是至關重要的，例如，當玻璃垂墜入具紋理質感的模具內，或當多種顏色玻璃在成型的過程中融合在一起時。

可能有必要進行一些操作，當發色玻璃被融合在一起時，或多個方向的複雜彎曲輪廓需要完成時。利用真空於成型過程中可以提高成品精確度，縮短成型時間並製作較尖銳的彎曲，而旋轉夾具可用於減少成品較厚部位的拉伸變形。

品質

模具表面平滑度會影響玻璃最終表面的光潔度和質感，同樣的溫度和成型時間也是如此。藝術與融合的作業品質將取決於工藝師的技術。

一般應用

成型應用是廣泛的，包括車窗玻璃、弧形建築外牆、玻璃屏風、家具、燈飾、雕塑品和餐具。

成本與生產速度

模具製造成本由低到中度，取決於成品的尺寸和複雜性。成型時間長（大型窯爐可以容納更多的成品，但需要較長時間加熱和冷卻）。人工成本由中到高，依進行中的製程類型決定。

材料

所有類型的玻璃可以應用玻璃窯爐成型包括鈉鈣玻璃（Sodalime Glass，浮法玻璃 Float Glass）、鉛鹼玻璃（Lead Alkali Glass）、硼矽玻璃（Borosilicate Glass）和高性能玻璃。一般而言，兩種不同類型的玻璃是無法合併使用的，由於它們膨脹係數的不同，會造成未來成品在冷卻時粉碎。

環境衝擊

玻璃窯爐成型過程中產生極少的廢料，然而，這是一個高溫的成型過程，因此也是能源密集的。

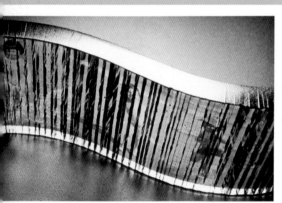

窯爐成型

這些由凱薩琳席林（Cathryn Shilling）製作的作品中，結合了融合與成型工法創造出優雅而美麗的藝術品。首先，具備相容性的彩色玻璃，窯爐內燒製並融合在一起。其次，融合後的玻璃在窯爐內逐漸成型出所需要的形狀。多重顏色和裝飾性物件通常需要兩或三個燒製週期，以達成所有預期的效果。

1

2

3

玻璃窯爐成型燈具散光器

提供廠商：Instrument Glasses
www.instrumentglasses.com

　　模具是由一耐火陶瓷基座（如圖 **1**）支撐，以保證薄形模具在成型的過程中不致變形。金屬模具裝上基座（如圖 **2**）接著將預切的鈉鈣玻璃板放置其上（如圖 **3**），而具有紋理的一邊面朝下對入模具。

　　圓形玻璃片於窯爐內以攝氏 700 度（華氏 1292 度）成型。這時一種微妙的平衡形成，讓玻璃順從模具的形狀成型，並同時讓表面紋理維持不變。這些成品從窯爐及模具（如圖 **4** 與 **5**）中移除。整個成型的過程約需 24 小時。

　　完成的成品堆疊放置，再經包裝後準備出貨（如圖 **6**）。

4

5

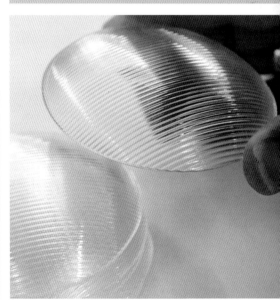

6

彩色玻璃板

彩色玻璃可以經過成型並結合多層次或片段,用於裝飾性的應用例如屏幕和家具。玻璃板厚度從25-130毫米(0.98-5.12英吋)均適合窯爐成型。

紋理玻璃

模具的表面平滑度將決定玻璃的成型品質,因為這個製程以接觸成型。有許多不同的紋理可以應用,並進一步以噴砂,著色和鏡像(參閱80頁)處理加強。

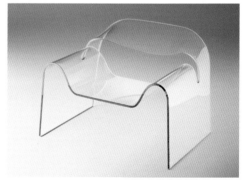

幽靈椅

它可以實現多種不同的方向彎曲。這是不容易的,但經過精心設計和模具建造,便成為可能,錯綜複雜的控制週期和嫻熟的工藝燒製。它表現在幽靈椅上,這是由席尼波艾里(Cini Boeri)在1987年為義大利FIAM設計。

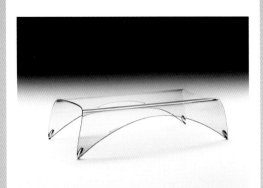

1

覆蓋成型 Genio 咖啡桌

提供廠商：FIAM Italia
www.fiamitalia.it

　由瑪西莫奧沙菲尼（Mossimo Iosa Ghini）於1991年設計，義大利FIAM公司製造的Genio咖啡桌（如圖1），是10或12毫米（0.4或0.47英吋）厚的鈉鈣玻璃（Sodalime Glass）製作。

　這是一個精確的成型過程：至關重要的是玻璃在開始彎曲前仍然保持完整平坦。為達到這一要求，玻璃被披覆在精心製作的模具（如圖2）上。由玻璃纖維編織製成的耐熱面料用來保護玻璃的表面並與鋼製的模具接觸。

　將平板玻璃放置到模具（如圖3）內由兩個旋轉夾具（如圖4）固定，以避免厚重的玻璃在成型的過程中因拉伸而變形。

2

3

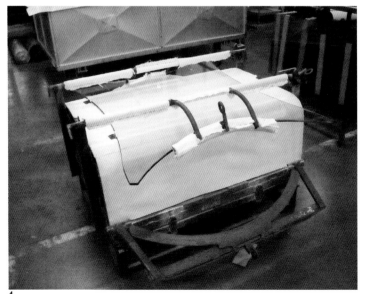

4

玻璃吹製 Studio Glassblowing

兼具裝飾性和功能性，中空和開口式的容器都可以玻璃吹製成型。這個製程包括將空氣吹入一團熔融狀玻璃內形成泡泡的形狀，它可以是以手工吹製輔以成型器塑型，或吹入模具內直接成型。

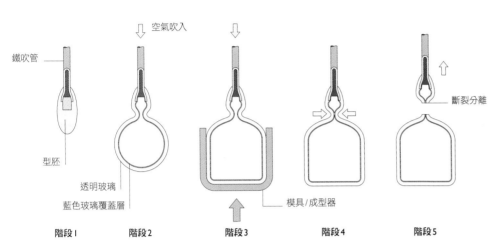

空氣吹入

鐵吹管

型胚

透明玻璃

藍色玻璃覆蓋層

斷裂分離

模具/成型器

| 階段 1 | 階段 2 | 階段 3 | 階段 4 | 階段 5 |

什麼是玻璃吹製？

第一階段，鐵吹管的鼻端先預熱至攝氏600度（華氏1112度），然後裝載一塊彩色玻璃（如果成品有使用顏色的話），這是必須將鐵吹管浸入裝有熔融玻璃的坩堝內。

第二階段，將空氣吹入，並間歇性地插入加熱爐口（Glory Hole）內以保持其溫度超過攝氏600度（華氏1112度），它是一個瓦斯燃燒加熱室，用來保持玻璃處在適當的工作溫度。

第三階段，特殊形狀的成型器或模具可用於準確地成型玻璃。第四階段，玻璃鉗（Pucellas，如彈性金屬火鉗）用來減少玻璃容器的頸部直徑，因此可以用來斷裂分離成品，並隨後將它轉移至退火窯爐。

品質

玻璃是一種具有很高感知價值的材料，因為它結合了裝飾性特質與強大的內在力量。玻璃成品的結構之所以會減弱，源於表面缺陷和含雜質的原料。

一般應用

各種器皿，容器和瓶子，包括餐具和炊具。

成本與生產速度

玻璃吹製成型的模具成本相當低，因為所需設備成本低，而玻璃吹製成型是一個緩慢的製程，需要高超的技巧和經驗。

材料

鈉鈣玻璃（Soda-Lime Glass）是最常用的材料，燈罩、餐具、切割玻璃、水晶玻璃和裝飾物通常以鉛鹼玻璃（Lead Alkali Glass）製成，硼矽玻璃（Borosilicate Glass）則是用於實驗室設備、高溫照明應用和炊具。

環境衝擊

玻璃是一種耐久性的材料並大量的使用再生材料於生產製作。然而，玻璃吹製成型是能源密集製程，所以，近年來出現了許多減少能源消耗的發展。

蝕刻玻璃容器

由於玻璃吹製擺脫了大規模生產的限制，有許多方法可以讓玻璃吹製工作者，操控玻璃的形狀與表面質感，來創造出令人興奮的效果，例如複雜的蝕刻圖案、破裂表面質感與包覆氣泡等。

這個藉模具吹製成型的玻璃容器，由彼得弗隆格（Peter Furlonger）在2005年設計，由國家玻璃中心（The National Glass Centre）的玻璃工作室團隊製作（詳見對面頁）。

1

2

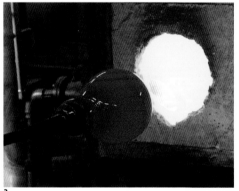

3

4

5

案例研究

利用模具玻璃吹製

提供廠商：The National Glass Centre
www.nationalglasscentre.com

熱玻璃由鐵吹管底部堆積後塑成玻璃型胚，用櫻桃木成型器和已浸泡在水中的紙（如圖1），這個過程必須重複幾次。

熱玻璃型胚，接著覆蓋在盛有藍色粉末玻璃（如圖2）的盤子上，顏色的層次逐漸堆積形成，並能在之後利用噴砂表面處理時增加"深度"（參見對面頁）。

玻璃型胚在玻璃熔化加熱爐口內（如圖3）持續加熱，並經反復吹製和塑型，直到它具有合適的大小與壁厚以利後續加工成型。

模具預先在小型窯爐內加熱至攝氏600度（華氏1112度）。利用玻璃吹製的型胚放置在模具內，旋轉和吹製同時進行，迫使型胚緊靠溫度較低的模具內壁，而讓玻璃開始硬化（如圖4）。過不久，容器成品由吹製玻璃的形態中斷裂分離（如圖5）。

Wide Stone 是由彼得雷頓（Peter Layton）製作的
Ariel 系列作品

彼得雷頓以他充滿活力和趣味的色彩運用玻璃作品
著名。

熔化的玻璃可以利用許多方法進行標記和裝飾，彩
色玻璃和銀箔可以被捲上玻璃表面，成為另一透明
玻璃層後封裝進成品。彩色玻璃線可以透過單獨的
匯集，經拉伸後披覆在型胚表面上以創造圖案，這
在玻璃吹製技術上被稱為"羽化"。

案例研究

彩色效果玻璃吹製

提供廠商：London Glassblowing
www.londonglassblowing.co.uk

　　白色的玻璃被加熱至大約攝氏 800 度
（華氏 1472 度），與大量熔化的紅色和
透明玻璃匯積在鐵吹管末端，並覆蓋過
白色玻璃（如圖 1），覆蓋疊加的彩色玻
璃累積層次以增加最後成品的視覺深
度。

　　一道細的熔融藍色玻璃在拉伸後，以
螺旋狀延熔融的玻璃團表面覆蓋（如圖
2）。

　　為了進一步強化圖案效果，大量的熔
融玻璃繞著鐵吹管末端周圍，以鐵吹管
盤繞玻璃然後轉移螺旋式圖案由縱向至
螺旋（如圖 3）。

　　玻璃胚接著被轉移到鐵吹管，浸入坩
堝並在爐內由透明的玻璃"聚集"形成
塗層在原來玻璃圖案（如圖 4）表面，這
是以木塊或成型器（如圖 5）輔助完成。

　　一旦吹製完成後型胚被轉移至鐵吹管，其
末端被展開形成一個碗（如圖 6），當碗完成
後工藝師將它由鐵吹管的末端斷裂分離，接
著轉移到退火窯內冷卻控制為期 36 個小時
（如圖 7）。

1

2

3

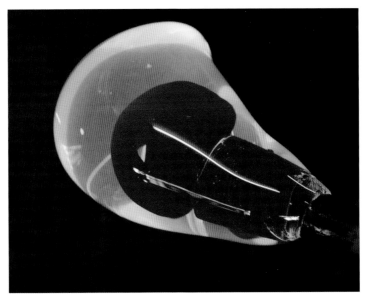

4

5

6

7

熱工拉絲成型 Lampworking

玻璃藉由熱工拉絲成型被塑型呈中空形狀和容器，它也被稱為"火燄拉塑成型"，利用極度高溫與熱工拉絲成型技師的熟練技術互相結合。產品範圍從珠寶到複雜的科學實驗設備。熱工拉絲成型能以鉗工或車工方式進行。

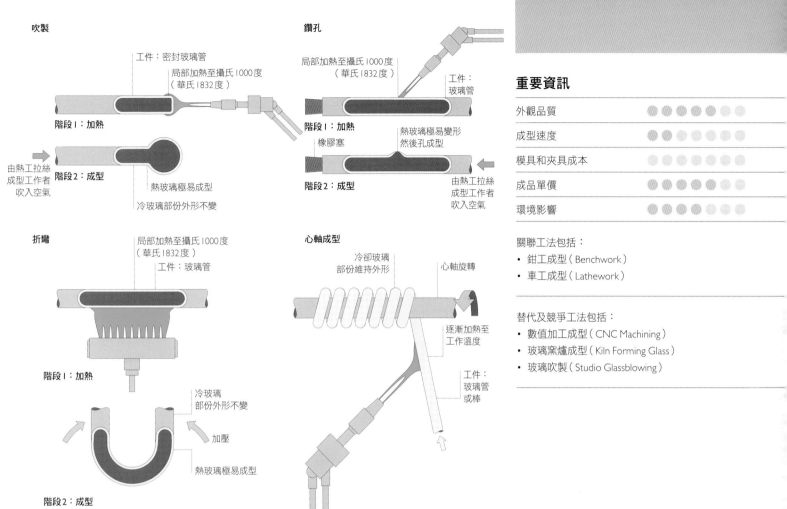

吹製

工件：密封玻璃管

局部加熱至攝氏1000度
（華氏1832度）

階段1：加熱

由熱工拉絲
成型工作者
吹入空氣

階段2：成型

熱玻璃極易成型

冷玻璃部份外形不變

鑽孔

局部加熱至攝氏1000度
（華氏1832度）

工件：
玻璃管

階段1：加熱

橡膠塞

熱玻璃極易變形
然後孔成型

階段2：成型

由熱工拉絲
成型工作者
吹入空氣

折彎

局部加熱至攝氏1000度
（華氏1832度）

工件：玻璃管

階段1：加熱

冷玻璃
部份外形不變

加壓

熱玻璃極易成型

階段2：成型

心軸成型

冷卻玻璃
部份維持外形

心軸旋轉

逐漸加熱至
工作溫度

工件：
玻璃管
或棒

重要資訊

外觀品質	●	●	●	●	●	○	○
成型速度	●	●	○	○	○	○	○
模具和夾具成本	●	○	○	○	○	○	○
成品單價	●	●	●	●	●	○	○
環境影響	●	●	●	●	●	○	○

關聯工法包括：

• 鉗工成型（Benchwork）
• 車工成型（Lathework）

替代及競爭工法包括：

• 數值加工成型（CNC Machining）
• 玻璃窯爐成型（Kiln Forming Glass）
• 玻璃吹製（Studio Glassblowing）

什麼是熱工拉絲成型？

　　天然氣和氧氣的混合物燃燒產生熱工拉絲成型所需的熱量，硼矽玻璃的工作溫度為攝氏 800-1200 度（華氏 1472-2192 度），在這階段中玻璃具有如軟化口香糖般的一致性。

　　熱工拉絲成型使用工具與玻璃吹製類似：利用各種形狀的成型器來塑型工件和"乳光化"熱玻璃。

　　任何以此製程完成的作品都必須在窯內退火，對於硼矽玻璃而言退火窯爐的溫度大約是攝氏570度（華氏1058度），然後保持20分鐘後再慢慢地冷卻至室溫。這個過程對減輕玻璃內應力是不可少的，一些非常大型的作品如藝術品，可能需要幾個星期的退火，當然這是不尋常的。

品質

質量的部分主要是依賴於熱工拉絲的技術，即使微小的壓力仍將導致部分玻璃破碎或開裂。拉絲後的成品需退火以確保它們穩定性和消除應力。

一般應用

它熱工拉絲成型常用來製作專門的科學儀器、精密玻璃製品、珠寶、燈飾和雕塑。

成本與生產速度

通常有沒有模具成本而成型週期適中，但取決於成品的尺寸和複雜性。退火過程通常是不分晝夜進行，通常長達16小時，也可能需要更多的時間依材料的厚度決定，人工成本相對的高是由於製程所需的技術水平。

材料

所有類型的玻璃皆可以熱工拉絲成型，其中兩個主要的類型是硼矽和鈉鈣玻璃。

環境衝擊

玻璃廢料可直接回收利用。然而，需要大量的能量才足以把玻璃加熱至工作溫度，同樣的退火過程也是如此。

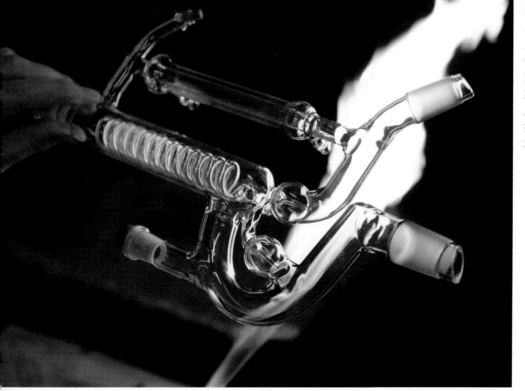

製作完成的完全冷凝分餾頭

成品的大小，結構和複雜性僅受限於設計師的想像力。熱工拉絲成型同樣適用於製作精確的功能器物，和裝飾性的液體手工製品。

完全冷凝分餾頭（可調整移除模式）是件科學儀器用於特定的蒸餾過程。本案例研究具體地說明一些應用於生產的熱工拉絲成型技術。就像其他任何熱工拉絲成型，分餾頭的製作以一系列的玻璃管成型作為開始。

案例研究

鉗工製作完全冷凝分餾頭

提供廠商：Dixon Glass
www.dixonglass.co.uk

先將分餾頭的第一個工件加熱至工作溫度並發出櫻桃紅色的光。它是由手吹製（如圖1），在每個階段的加工過程中，準確性的維持須藉由工件與圖紙相互核對（如圖2），鎢質鑷子是用來拉扯玻璃的表面或鑽孔。

螺旋形玻璃是使用石墨塗層的心軸輔助製作。玻璃管必須在加熱達到其最佳溫度後圍繞心軸成型（如圖3）。

一個U型彎曲在另外的玻璃管段製作，採用更大區域的加熱，並讓熱散佈以確保U型彎曲能均勻地跨越大直徑。當玻璃的溫度達到後利用手工小心彎折（如圖4），以形成最終的彎曲（如圖5）。

1

2

3

4

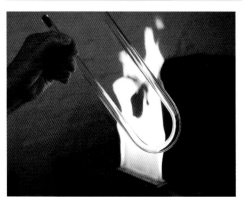

5

什麼是車工成型？

　　類似鉗工成型，先將玻璃加熱至工作溫度，對於硼矽玻璃而言是攝氏800-1200度（華氏1472-2192度）。

　　在整個成型過程中，玻璃管以約每分鐘60轉的速度旋轉。當玻璃管旋轉時使用各種形狀的成型器於成型玻璃上。而鉗工成型技術則用於靜止的玻璃上成型，產生非對稱旋轉的成品形狀。

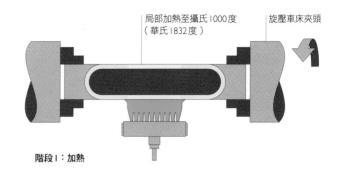

局部加熱至攝氏1000度
（華氏1832度）　　旋壓車床夾頭

階段1：加熱

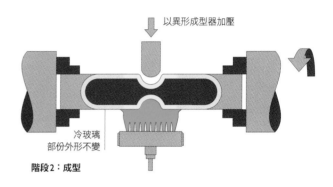

以異形成型器加壓

冷玻璃
部份外形不變

階段2：成型

三層壁玻璃反應容器

車工製作可用於成型非常準確的大小零件。唯一的要求是，他們是具有一定程度的旋轉性對稱（最後可能增加的部分是不對稱的，可使用鉗工技術製作）如同本案例的三層壁反應容器。

1

2

案例研究
車工製作三層壁玻璃反應容器

提供廠商：Dixon Glass
www.dixonglass.co.uk

　　這個製程開始於慢慢地加熱一段大型的玻璃管，在逐漸提高其溫度同時慢慢轉動玻璃管。最內層絕熱罩的頸部是以集中的局部加熱方式，以特殊形狀的碳桿（如圖1）成型，管段的兩邊是分開的，並且使用特殊形狀碳桿（如圖2）開出一個洞。

　　前兩個反應容器絕熱罩利用車工成型（如圖3）封閉組裝，在開出一穿透孔後兩件絕熱罩利用碳桿（如圖4）熔接在一起，這個程序重複進行直到第三也是最外層絕熱罩完成。

　　一旦反應容器全部的三個絕熱罩都匯集，接著將延長管熔接到底部，利用瓦斯噴火槍加熱，與鉗工成型方式（如圖5）大致相同。

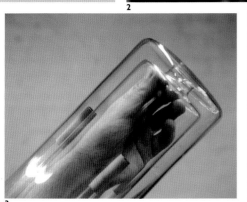

3

4

5

木質薄片積層（曲木成型）Veneer Laminating

對於將兩層或多層材料膠合在一起形成積層的技術而言，並沒有什麼新的發展進程。然而，由於更強，更防水和耐溫用膠合劑的發展結果。現在，更輕更可靠的結構設計，可以應用在薄片積層成型技術上。

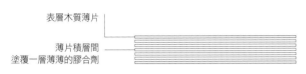

表層木質薄片

薄片積層間
塗覆一層薄薄的膠合劑

階段1：準備木質薄片

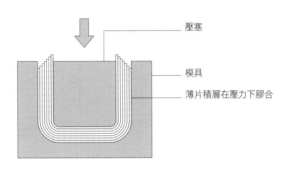

壓塞

模具

薄片積層在壓力下膠合

階段2：真空壓製成型

重要資訊

外觀品質	●●●●●●○
成型速度	●●●●○○○
模具和夾具成本	●●●●○○○
成品單價	●●●●●●○
環境影響	●●○○○○○

關聯工法包括：
- 袋壓成型（Bag Pressing）
- 真空壓製成型（Cold Pressing）

替代及競爭工法包括：
- 數值加工成型（CNC Machining）
- 複合材料積層（Composite Laminating）
- 實木蒸煮彎曲成型（Steam Bending）
- 細木工（Wood Joinery）

什麼是真空壓製成型？

　　這個製程會牽涉到拆模具，或模具與壓塞。木質薄片鋪設的方式是對稱的，芯料部份以奇數層木質薄片組成，而面料的材料和芯料相同並均厚。這樣可以確保成品成型後不致變形。

　　第一階段，膠合劑塗在每層木質薄片表面，因為它是被放置於前一層的上面。第二階段，積層被組合在一起，並由壓塞壓入模具。

　　膠合劑在低電壓加熱、輻射加熱、無線射頻（RF）、或在室溫下固化。

品質

成品質量高，雖然往往需要再進行表面加工和砂磨處理。成品的整體質量取決於木材等級、強度和膠合劑的分佈。

一般應用

成品包括家具和建築產品，室內和室外使用。成本和快速模具成本由低至中度，雖然成型週期時間較長，這有賴於膠合劑的固化系統。例如射頻（RF）膠的固化，一般2至15分鐘。由於使用手動操作的緣故人工成本由中至高度。

成本與生產速度

模具製造成本低到中度。雖然週期時間可以很長，它依賴於膠合劑固化系統。RF膠固化，一般2至15分鐘，如以手工操作之人工成本則由中至高度。

材料

任何木材切削成薄片均可利用積層成型。其中可塑性最佳的木材包括樺木、欅木、梣木、橡木和胡桃木。

環境衝擊

這些製程通常具有較低的環境衝擊，尤其是當木材是現地採購並使用可再生能源時。各種的積層成型製程需要不同的能源數量。

真空壓製成型Isokon長椅（Isokon Long Chair）
Isokon長椅由馬塞爾布魯爾（Marcel Breuer）於1936年設計。
扶手的形狀由於太複雜，無法由單純雙併式模具以真空壓製成型。因此，模具由幾個部分組成並逐漸夾緊固定，形成最終的輪廓。
最小內部彎曲半徑取決於木質薄片的個別厚度，而不是由木質薄片數目或成品整體厚度決定。

1

2

3

4

5

真空壓製成型飛行凳（Flight Stool）

提供廠商： Isokon Plus
www.isokonplus.com

　飛行凳（Flight Stool）是由巴伯奧司格比（Barber Osgerby）在1998年設計（如圖1），真空壓製製程則在雙併式模具內藉由射頻（RF）加速膠合劑固化成型。

　芯料的樺木薄片和面料的核桃木薄片塗覆膠合劑（如圖2），接著將它們裝入具有金屬表面的模具（如圖3），利用銅線圈插入並連接分為兩半的模具金屬表面（如圖4），由射頻（RF）激化膠合劑的分子使溫度提升至攝氏70度（華氏158度）。這樣可加速固化過程，讓成品能在10分鐘內成型並由模具中取出。

　成品脫模（如圖5）後，接著對飛行凳進行修整，砂磨和塗裝。

什麼是袋壓成型？

這個製程採用真空，迫使成品進入一個單面模具，如此可以降低成本並提高製造彈性。但是，只有結構淺薄型的成品可以這種方式成型。

類似真空壓製成型，第一階段，將膠合劑塗覆在每一木質薄片的表面，當它被放置在下層的上面後。第二階段，將積層組合在一起後，以真空吸附至單面模具，並以輻射熱加速膠合劑固化。

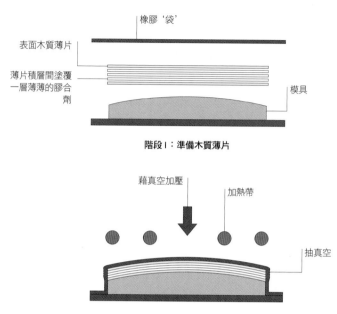

階段 I：準備木質薄片

階段 2：袋壓成型

木質薄片貼合於實木

昂貴、稀有或外來的木材常被切削成木質薄片後，與實木基材膠合一起應用於裝飾用途，這樣可以大大降低成本。在這個研究案例中，昂貴的胡桃木薄片已被積壓至一較不昂貴的實木基材上。袋壓成型是用以克服成品設計中木材的細微表面凹紋，而實木基材提供了必要的成品機械強度。

1

2

案例研究

袋壓成型 Donkey3 椅

提供廠商：Isokon Plus
www.isokonplus.com

　　Donkey3椅（如圖1）是由安積伸（Shin Azumi）與安積朋子（Tomoko Azumi）於2003年設計，這張椅子以伊貢里斯（Egon Riss）在1939年原始設計的Isokon Penguin Donkey椅發展而成。

　　樺木薄片準備好之後將整個表面與膠合劑薄膜貼合，接著把木質薄片放置於單面模具（如圖2）上，將橡膠密封覆蓋於成品之上（如圖3），而真空吸引力強迫木質積層依模具（如圖4）的形狀成型。加上加熱器可提高模具溫度至攝氏60度（華氏140度）以減少成型時間，待20分鐘等膠合劑完全固化後，將成品由模具內取出（如圖5）。

3

4

5

複合材料積層 Composite Laminating

採用複合層壓結合高強度纖維及堅硬塑料,可製成超輕量且堅固的產品。複合積層材料使用範圍適用於生產高性能要求零件之應用,如賽車,飛機和帆船。

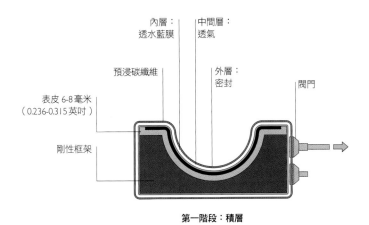

內層：
透水藍膜

中間層：
透氣

預浸碳纖維

外層：
密封

閥門

表皮 6-8 毫米
（0.236-0.315 英吋）

剛性框架

第一階段：積層

工件成品

第二階段：脫模

什麼是預浸碳纖維積層？

　　在第一階段，將碳纖維層預浸漬環氧樹脂（預浸），並疊於在模具上。整個模具上覆蓋著三層的材料。第一層是透水性藍膜，而中間層是透氣膜。這兩層密封成一個密封薄膜並抽真空。密封薄膜層可確保整個表面區域施以均勻真空狀態。

　　預浸疊層放入壓熱爐後將壓力提高到4.14bar（60磅/平方英吋）並加溫至攝氏120度（華氏248度）兩個小時。在第二階段將完成的工件脫模。

品質

成品的機械性質取決於組合的材料以及積層的方法。只有在接觸模具的一面具有亮面。

一般應用

此應用越來越廣泛，包括賽車，船體，飛機和家具的結構框架。

成本和生產速度

模具製造成本由中到高，因為過程可能為人工密集型，並需要高度的技巧。製造週期時間不同：小型工件可能需要 1 個小時左右，而大型複雜的工件可能需要長達150小時。

材料

強化纖維材料包括玻璃纖維，碳纖維和芳綸（Aramid）。積層熱固性樹脂包括聚酯（Polyester），乙烯基酯（Vinylester）和環氧樹脂（Epoxy）。

環境衝擊

在生產過程中使用有害的化學品，且無法直接回收剩料或廢料。目前正在發展減少對環境衝擊的製程材料。例如，正在研究以麻料替代玻璃纖維。

蘿拉 B05/30 三級方程式賽車

總體來說，這款車是由數百個碳纖維零件所組成。製造與設計及工程需緊密結合。高性能的產品設計必須承受最大的負荷，但卻又要越輕巧越好。碳纖維工程師所扮演的角色是將碳纖維能耐發揮到極限。

碳纖維

碳纖維具有較佳的耐熱性，拉伸強度及耐用性比玻璃纖維高。當碳纖維結合了精確數量的熱固性塑料時具有極佳的強度重量比，強度重量比甚至優於鋼材。碳纖維斜紋（如圖）是最常見的織法。

碳纖維前翼

蘿拉 B05/30 三級方程式賽車輕量化前翼是由碳纖維層壓在一個發泡芯（如圖）上。芯材用於增加工件的深度，在無需大幅增加整體工件重量的情況下，提高工件強度和抗扭抗彎的剛性。

1

2

3

4

5

提供廠商：Lola Cars International

www.lolacars.com

　　本案例研究示範生產一蘿拉賽車（Lola Cars）的滾箍強化邊緣（如圖 1）。

　　先使用數值控制繪圖儀切割碳纖維，同時在塑料薄膜兩邊上塗層。積層前將黃色層剝離（如圖 2）。將每個碳纖維樣式對齊工件後貼合（如圖 3）。

　　當所有的積層到定位時，置於真空密封袋中（如圖 4）並將空氣抽出。將抽真空的模具置於高壓槽內（如圖 5），以熱和壓力使樹脂固化。

什麼是濕式積層？

第一階段，在單面模面塗上凝膠膜。凝膠膜為厭氧性熱固性樹脂，也就是說，樹脂可在無氧狀況下固化，使用在模具表面相當理想。鋪上編織的強化纖維後再噴塗上熱固性樹脂。這是為了維持適當的樹脂與強化纖維的比例。之後使用滾筒以去除氣泡孔隙。第二階段為脫模。與模具表面接觸的一面是通常是成品的外觀面。

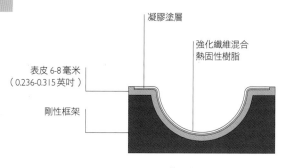

凝膠塗層
強化纖維混合熱固性樹脂
表皮 6-8 毫米
（0.236-0.315 英吋）
剛性框架

第一階段：積層

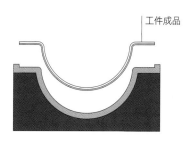

工件成品

第二階段：脫模

玻璃纖維家具（上圖）
玻璃纖維是一種泛用型的複合材料，常用於手工疊層。玻璃纖維耐熱，耐用，具有良好的拉伸強度，相對便宜，可用於各種應用，如這些由羅伯湯普森（Rob Thompson）設計的輕量化椅凳。使用非織造的材料較為便宜，稱為切股纖維氈。

玻璃纖維編織（右圖）
織造包括平織（被稱為0-90）（如圖），斜紋和專用。

1

2

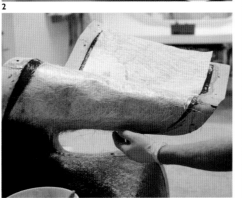

3

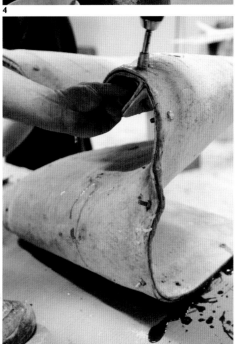

4

5

6

積層複合緞帶椅

提供廠商：Radcor
www.radcor.co.uk

　　緞帶椅（Ribbon Chair）是由安塞爾湯普森（Ansel Thompson）於 2002 年（如圖 1）所設計。產品使用乙烯基酯（Vinylester），玻璃和芳綸加固，以及聚氨酯（Polyurethane）發泡芯所構建而成。

　　工件模具組裝（如圖 2）後施以脫蠟劑。凝膠膜塗在模具表面後允許凝膠膜在撕掉遮蔽膠帶前風乾（如圖 3）。纖維層鋪設在凝膠膜上（如圖 4），並施用乙烯基酯於背面，逐步建立起積層。

　　模具夾緊閉合（如圖 5）。經過約 45 分鐘後使完全固化的乙烯基酯和模具分開。椅子由模具內取出，清洗和去毛邊，準備進行後續噴漆和拋光（如圖 6）。

纖維纏繞成型 Filament Winding

碳纖維單絲層以環氧樹脂塗佈並纏繞在心軸上。芯棒可移除和重複使用，或以碳纖維永久封裝。纖維纏繞應用於高性能特性需求的纖維強化複合材料製作。

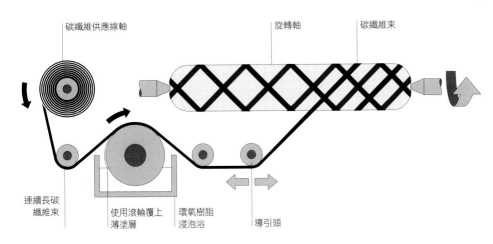

碳纖維供應線軸　旋轉軸　碳纖維束

連續長碳
纖維束

使用滾輪覆上
薄塗層

環氧樹脂
浸泡浴

導引頭

重要資訊

外觀品質	⬤⬤⬤⬤⬤⬤◯◯
成型速度	⬤⬤⬤⬤◯◯◯◯
模具和夾具成本	⬤⬤⬤⬤⬤◯◯◯
成品單價	⬤⬤⬤⬤⬤◯◯◯
環境影響	⬤⬤⬤⬤⬤◯◯◯

關聯工法包括：
- 封裝（瓶繞組）（Encapsulation（Bottle Winding））
- 芯棒纏繞（Mandrel Winding）

替代及競爭工法包括：
- 三維熱積層（3D Thermal Laminating）
- 複合材料積層（Composite Laminating）
- 熱壓成型（Compression Molding）
- 塑膠押出成型（Plastic Extrusion）

什麼是纖維纏繞成型？

　　將碳纖維絲束以導引頭纏繞於旋轉軸頭上。導引頭在軸旋轉時沿旋轉軸上下移動，並引導長絲形成交互重疊的樣式。

　　濕式疊層的工法是以連續的強化長纖浸入樹脂槽，以旋轉滾輪在纖維上塗佈環氧樹脂。

　　一個完整的纏繞動作是由導引頭從旋轉軸一端導引向軸的另一端背部，再回到起始點。纖維束相互交疊纏繞的角度取決於導引頭相對於軸轉動的速度。

提醒設計師

品質

成品剛性取決於疊層厚度和管徑。纏繞動作是由電腦導引控制,其精確度可達100微米(0.0039英吋)。,纏繞層所提供縱向,扭轉(扭曲)或徑向(環)的強度取決於所纏繞的角度。

一般應用

應用實例包括風力渦輪機葉片和直升機,壓力容器,深海潛水器,航太應用的懸吊系統和結構框架。

成本和生產速度

芯棒的成本由低到中度。封裝芯棒時會增加成本。小工件繞線生產週期時間為 20至120分鐘。固化時間通常需要4到8小時。人工成本並不高。

材料

材料種類包括玻璃纖維強化材料,碳纖維和芳綸(Aramid)。通常使用熱固性樹脂,包括聚酯(Polyester)、乙烯基酯(Vinylester)、環氧樹脂(Epoxy)和酚醛樹脂(Phenolics)。

環境衝擊

由於熱固性材料不能回收,因此廢材和回材必須加以廢棄處置。然而,新的熱塑性系統正在研發中,期望減少製造過程對環境的影響。

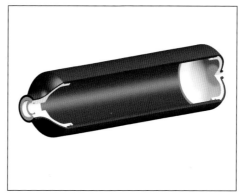

金屬線與碳纖維複合材料封裝

兩端封閉的三維中空產品可以由碳纖纏繞在一個中空的襯墊上,以形成為最終產品。這種技術被稱為瓶繞組,用以生產壓力容器,外殼和懸吊系統。
除了造型外,碳纖纏繞襯墊的好處包括,產生不透水和氣密的表層。具光澤的表面膠膜可以耐熱或防化學侵蝕。

1

2

3

4

5

案例研究

纖維纏繞賽車傳動軸

提供廠商：Crompton Technology Group
www.ctgltd.co.uk

　　案例中纏繞的角度範圍從90度到幾乎0度（如圖1）。在這種情況下，碳纖維用塑料密封在軸上（如圖2）。利用塑帶由碳纖維中擠壓出多餘的環氧樹脂，以確保高品質及表面光潔度。

　　纖維纏繞後的工件集中後被放入烤箱，樹脂在攝氏200度（華氏392度）下4個小時使之完全硬化。在塑帶固化表面上會形成小水滴狀的樹脂（如圖3）。取下塑帶時，會將小水滴狀的樹脂剝離移除。纏繞完的碳管可由芯棒上取下（如圖4）。

　　這些元件主要用於汽車，包括從發動機到車輪的傳動。傳統傳動軸為金屬製作，但是當使用碳纖維複合材料時，可使傳動軸的重量減輕近四分之三（如圖5）。

快速原型 **Rapid Prototyping**

快速原型使用的積層製程已徹底改變了設計產業。零件可不需模具直接從電腦輔助設計（CAD）數據建構。一系列的快速原型技術包括使用粉末和液體。事實上許多材料，如聚合物，陶瓷，蠟，金屬，甚至紙，皆可以應用快速原型。

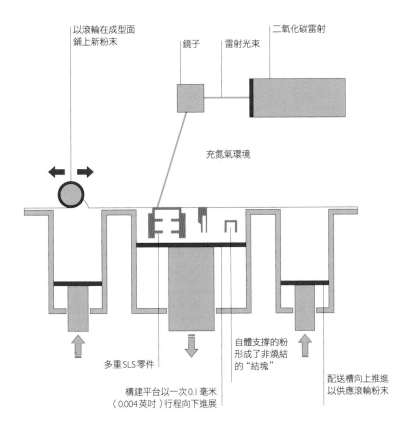

以滾輪在成型面鋪上新粉末

鏡子

雷射光束

二氧化碳雷射

充氮氣環境

多重SLS零件

構建平台以一次 0.1 毫米（0.004 英吋）行程向下進展

自體支撐的粉形成了非燒結的"結塊"

配送槽向上推進以供應滾輪粉末

重要資訊

外觀品質	●●●●●●○○
成型速度	●●●●●●○○
模具和夾具成本	○○●●●●●○
成品單價	●●●●●○○○
環境影響	●●●●●○○○

關聯工法包括：
- 直接金屬雷射燒結
  （Direct Metal Laser Sintering，簡稱DMLS）
- 選擇性雷射燒結（Selective Laser Sintering，簡稱SLS）
- 光固化（Stereolithography，簡稱SLA）

替代及競爭工法包括：
- 數值加工成型（CNC Machining）
- 脫蠟鑄造（Lost Wax Casting）
- 翻模製造（Mold Making）
- 真空鑄型（Vacuum Casting）

什麼是選擇性雷射燒結（SLS）？

在添加疊層生產過程中，藉由電腦導引的鏡面，以CO2雷射一次熔合0.1毫米（0.004英吋）薄層的細尼龍粉。構建平台以一次一層厚度的步驟向下推進。供給槽會交替上升，以提供新的粉末並準確地鋪設在生成區域的表面。整個過程發生在含不到1%氧氣的惰性氮氣室中進行，以防止尼龍在雷射束加熱時氧化。

成形艙內的溫度保持在僅低於聚合物粉末熔點的攝氏170度（華氏338度），所以一旦雷射接觸表面的顆粒時，溫度會立即上升攝氏12度（華氏54度）並融合。

品質

所有這些添加疊層的工作精度及公差大約是 ± 0.15毫米（0.006英吋）。因此是以積層方式製造三維的形式，因此，積層輪廓在呈銳角的表面上清晰可見。

一般應用

此工法常被許多產業用在來生產外觀和功能原型，並以少量生產所有的零件。

成本和生產速度

快速原型製造成本是取決於數量和生產時間。人工成本由成品的表面要求決定。一般而言人工成本不高。

材料

一系列的材料都適合快速原型，包括尼龍為基礎的粉末、陶瓷粉末、環氧樹脂和特定金屬合金。

環境衝擊

快速原型過程中產生的廢料大多可以回收利用。這些過程能有效地利用能源和材料

碳纖複合葉輪（上圖）
因為成品具有與塑膠件相似的物理特性，常選擇SLS技術用來生產功能原型和功能測試模型。在案例中，複合材料的碳纖維和尼龍絲粉（比例50：50）以選擇性雷射燒結。此種材料是用於製造高強度，重量輕的工件。鋁和尼龍粉末混合物（比例50：50）用於類似的高性能應用。

尼龍發動機模型（左圖）
複雜和精緻的工件可以使用選擇性雷射燒結形成。非燒結粉末包覆並支撐工件形成"結塊"。相較之下，其他疊層工法製作的工件需要支撐，而倒勾的部分則必須以支撐連接到構建平台上。

1

2

案例研究

製作 SLS 零件

提供廠商：CRDM

www.crdm.co.uk

　　隨著燒結過程（如圖1），給料筒向上移動以提供粉末給滾筒。這個在成形區域鋪設粉末的過程是為了提供一層均勻的粉末（如圖2），為下個燒結程序作準備。

　　包覆在工件外未燒結的"結塊"要仔細移除，以使各工件方便取出並清潔（如圖3）。最終的成品是一個確實電腦模型的複製品，精確度可達到150微米（0.0059英吋）（如圖4）。

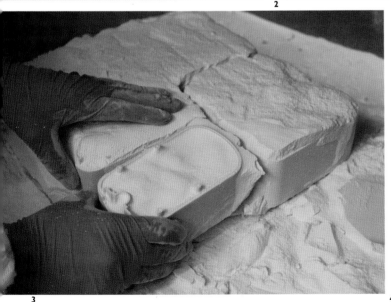

3

4

什麼是直接金屬雷射燒結（DMLS）？

在燒結過程中，供料筒上升並以划槳式路徑鋪設粉末，這樣可以在工件建構區精確地覆蓋一層粉末。構建平台在每一層金屬合金燒結到表面後逐步降低一層。整個過程發生在不到1%氧氣的惰性氮氣環境下，以防止金屬粉末在生成過程中氧化。

由於使用一具250瓦的CO2雷射燒結金屬合金粉末，所以，在這個製作過程中會產生相當的熱量。

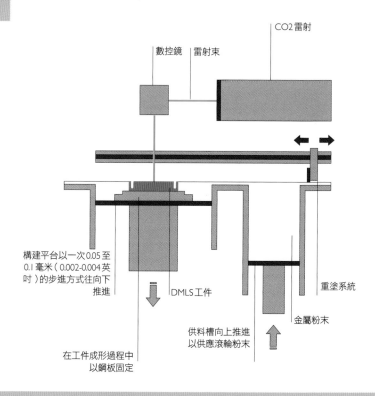

CO2雷射

數控鏡　雷射束

構建平台以一次0.05至0.1毫米（0.002-0.004英吋）的步進方式往向下推進

DMLS工件

重塗系統

金屬粉末

供料槽向上推進以供應滾輪粉末

在工件成形過程中以鋼板固定

功能原型
DMLS用於生產功能性金屬原型，提供汽車零部件，一級方程式賽車，珠寶，醫療和核能產業之小批量零件生產。

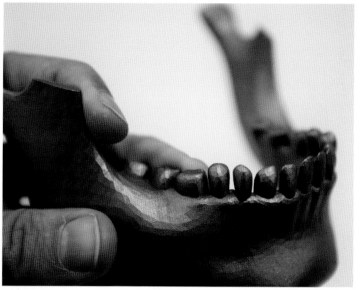

不銹鋼零件
不銹鋼材料應用於各種醫療，航空航太等工程中需要應用高硬度，強度和耐腐蝕性成品。

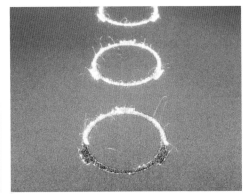

1

　　將 CO_2 雷射導向 20 微米（0.00078 英吋）直徑（如圖 1）的鎳銅合金球表面層。鎳銅合金球在每次照射雷射後，在構建區域鋪設分佈一層新的金屬粉末。

　　一旦建構完成後，建構平台上升並刷走多餘的粉末（如圖 2）以露出仍然附著在建構板（如圖 3）上的工件。整個組件先以手取出（如圖 4）。這些工件最終以線切割（參閱 56 頁）將工件從鋼板上切割下來。

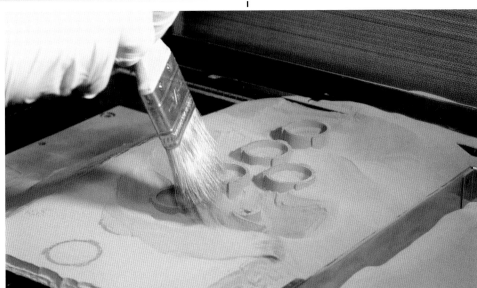

2

3

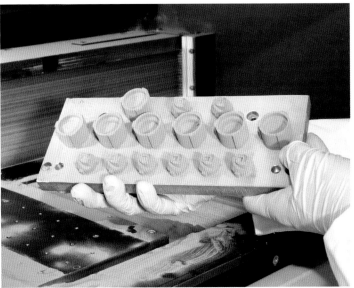

4

什麼是光固化（SLA）？

　　模型由紫外線雷射束，經由電腦導引鏡面將雷射束照射至紫外線光敏環氧樹脂液體表面，以一次一層所形成。

　　紫外線精準地只固化所照到的樹脂。成型平台每次下降一層並浸沒入樹脂中。每一步向下時以槳葉掃過整個樹脂表面，破壞液體的表面張力並控制每層的厚度。工件在液體平面下逐步成型，並和構建平台成型區分隔，構建平台下的工件以支撐結構支持。建立工件第一層之前，亦使用同樣的漸進方式。

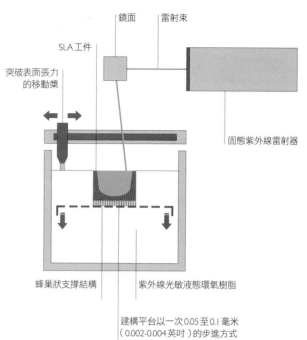

鏡面　雷射束

SLA 工件

突破表面張力的移動槳

固態紫外線雷射器

蜂巢狀支撐結構　　紫外線光敏液態環氧樹脂

建構平台以一次 0.05 至 0.1 毫米（0.002-0.004 英吋）的步進方式向下推進

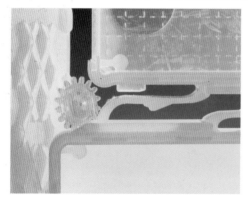

功能原型
高公差的SLA製程意味著是生產組合型工件原型的理想工法。可用於投入大量生產前的生產測試產品。在這案例中，以聚丙烯（Polypropylene，簡稱PP）成型的工件可模擬活動鉸鏈和配合卡勾。

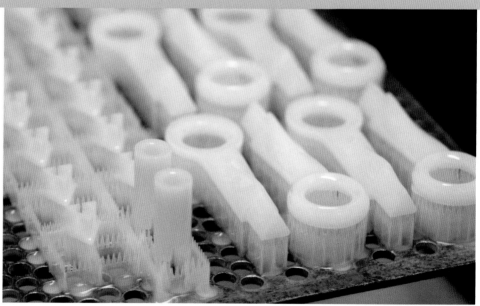

微小模型製作
微小型模型可以用來製作複雜而精確的工件（尺寸達77×61×230毫米/3.03 ×2.4×9.05英吋），這個過程以25微米（0.00098英吋）一層來成型，這幾乎是肉眼看不見的，所以完成後不需要表面精加工製程。這些製作完成的工件仍附著於構建平台支撐結構上，支撐結構在清理時都會被去除。

1

2

SLA 工件構建

提供廠商：CRDM
www.crdm.co.uk

　　在每次通過的雷射後，工件以一層 0.05 至 0.1 毫米（0.002-0.004 英吋）成型（如圖 1），SLA 零件在透明環氧樹脂中以如幽靈般的形式出現，。

　　完成的工件從建構艙中取出並與建構平台分開（如圖 2）。接著以酒精類的化學劑（異丙醇）擦除工件上液態未固化的樹脂和其他任何污染，然後在強力紫外光照射 1 分鐘下完全固化（如圖 3）。構建階層只在剛完成的工件上看得見（如圖 4），可以用噴砂，拋光或塗裝方式去除構建階層（參閱 180 頁）。

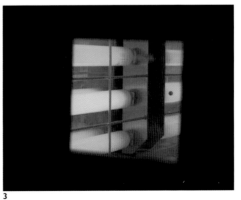

3

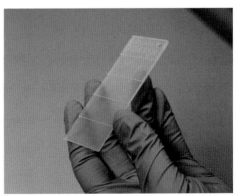

4

雷射切割 Laser Cutting

雷射切割是一種高精密數值控制加工（CNC）工法，可用於切割，蝕刻，雕刻和標記各種材料，包括塑料，金屬，木材，膠合板，紙張和卡片，人造大理石，軟磁鐵，紡織品，羊毛，橡膠和某些類型的玻璃和陶瓷。

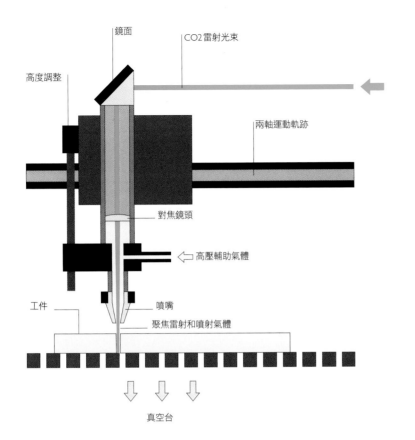

鏡面

高度調整

CO2雷射光束

兩軸運動軌跡

對焦鏡頭

高壓輔助氣體

工件

噴嘴

聚焦雷射和噴射氣體

真空台

什麼是雷射切割？

　　CO2和Nd：YAG雷射光束由一系列固定的鏡面引導到切割噴嘴。由於其波長較短，Nd：YAG雷射光束也可以利用撓性光纖引導至切割噴嘴。這意味著，因為頭部能自由地往任何方向轉動，因此可以以五軸方向切割。

　　雷射光束通過透鏡聚焦到小點上，大小約0.1至1毫米（0.004-0.04英吋）。高聚焦光束在接觸材料表面時會將材料熔化或蒸發。

品質

某些材料，如熱塑性塑料，以這種方式切削時，具有非常高品質的表面光滑度。雷射加工在大部分材料上可生產垂直，平整，光滑的切削表面。

一般應用

應用範圍包括家具，電子消費品，消費性產品，標誌和獎杯，以及銷售點的招牌。

成本和速度

可直接從電腦輔助設計（CAD）檔案以數據傳輸至雷射切割機。加工週期通常迅速，但取決於材料的厚度。較厚的材料需要較長的切割時間。

材料

這個工法非常適合切割 0.2 毫米（0.0079 英吋）以下的薄板材料，它也可以切割厚達 40 毫米（1.57 英吋）的紙張，但較厚的材料會大大降低切割速度。相容的材料包括塑料，金屬，木材，膠合板，紙張和卡片，人造大理石，軟磁鐵，紡織品，羊毛，橡膠和某些類型的玻璃和陶瓷。

環境衝擊

透過仔細規劃可確保最少的廢材產生，但是無法避免產生不適合回收的邊料。

雷射切割木質合板建築模型

控制不同強度和深度的 CO2 雷射可以產生各種飾面。在這個例子中切削 1 毫米（0.04 英吋）厚的樺木合板，可形成建築模型。第一個切割表面細節分佈在 CAD 文件的頂層。其次，雷射切割內部形狀，最後是外部輪廓。輪廓外部部分被移除後組裝，並形成建築立面的浮雕。

1

雷射切割，點陣雕刻和標記

提供廠商：Zone Creations
www.zone- creations.co.uk

　　這圖案由安塞爾湯普森（Ansel Thompson）於2005年為爭論年代（Vexed Generation）所設計。該系列樣品展示了多功能的雷射切割工藝。雷射用於切割半透明3毫米（0.118英吋）厚的聚甲基丙烯酸甲酯（PMMA，俗稱壓克力）（如圖1）。

　　雷射在材料的邊緣上留下平滑面，因此，PMMA等材料不需要再次精加工（如圖2）。光柵雕刻僅使用一小部分的雷射功率，就可產生達40微米（0.0016英吋）深的刻痕（如圖3）。

　　雷射標記可在切削面上產生"邊緣泛光"的效果（如圖4）。這是因為光照在物質表面上經由切割材質邊緣發散出去。而切割刻痕就像一個邊，光線可以同樣的方式進出。

2

3

4

水刀切割 Water-jet Cutting

水刀切割是以超音速水柱混合研磨劑，可用來穿透幾乎所有的板材，從軟泡綿到鈦合金。水刀切割是一種多用途的製程：錯綜複雜的外形都可以利用水刀切割，甚至可切割達60毫米（2.36英吋）厚的不銹鋼鈑。

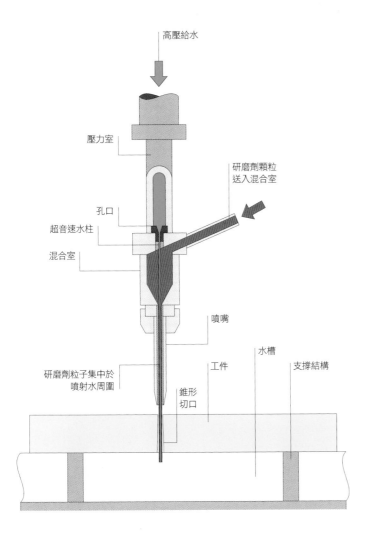

高壓給水

壓力室

研磨劑顆粒
送入混合室

孔口

超音速水柱

混合室

噴嘴

研磨劑粒子集中於
噴射水周圍

工件

水槽

支撐結構

錐形
切口

什麼是水刀切割？

　　單純使用水或加研磨劑的水柱進行切割，水柱是在達4000bar（60000磅/平方英吋）高壓力下經由噴嘴所形成。並強制水流通過一個孔口（直徑0.1-0.25毫米/0.004-0.01英吋）。而研磨劑水刀切割則是在水中加入邊緣鋒利的礦物顆粒（通常為石榴石Garnet），至混合腔內結合超音速水流形成水刀。

　　加磨砂顆粒的水柱形成約1毫米（0.04英吋）直徑水柱，可產生切削作用。高噴射速度的水柱經由工件底下的水槽消散能量。水可以連續過篩，清理和回收。

品質

水刀技術其中一個主要優點是它是一個冷加工的過程，因此它不產生熱影響區（Heat-Affected Zone，簡稱HAZ），這是金屬加工最關鍵的部分。這也代表沿切割邊緣不會變色，而已印刷或塗層的材料也可以利用這種方式切割。

一般應用

與大多數新技術一樣，航空航太和先進的汽車產業是最先採用水刀技術。不過，現在這個工法已是許多工廠必備的一部分。

成本和生產速度

模具和夾具不是必需的。加工時間可能相當的緩慢，取決於材料的厚度和加工品質的要求。人工成本適中。

材料

大多數的片材包括金屬，陶瓷，玻璃，木材，紡織品和複合材料。

環境衝擊

過程中不產生有害物質或危險的蒸氣及廢氣排放。水源通常主要是自來水，加工後的水經淨化和回收以供連續使用。

切割邊緣修飾

水刀切割面會產生霧面。純水刀較研磨劑水刀產生更平順的表面。用於研磨劑水刀中銳利的顆粒大小不同，很像砂紙編號（如120、80和50號）。不同顆粒度的大小影響表面平滑度的品質；細砂礫（數目較高者）加工較慢，可用於加工較高表面平滑度的品質要求。

複雜的形狀

水刀切割不會在工件上產生應力，所以小型且錯綜複雜的輪廓外形皆可應用。大多數介於0.5至10釐米厚（0.02-3.94英吋）的玻璃材料皆可利用水刀切割。而最大可切割的厚度則取決於材料硬度。

1

水刀切割玻璃

提供廠商：Instrument Glasses
www.instrumentglasses.com

數值控制過程中產生的切削數據是由CAD檔案提供。切割噴嘴（如圖1）緩慢的推進切割穿過25毫米（0.98英吋）的平板玻璃。

在推進過程中，操作人員插入楔子以支撐被切出的部分（如圖2）。切割後小心移除工件（如圖3），並準備拋光（如圖4）。銳角切邊以鑲鑽拋光輪，或火焰燒結的方式去除（參閱170頁）。

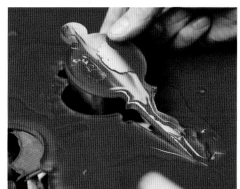

3

4

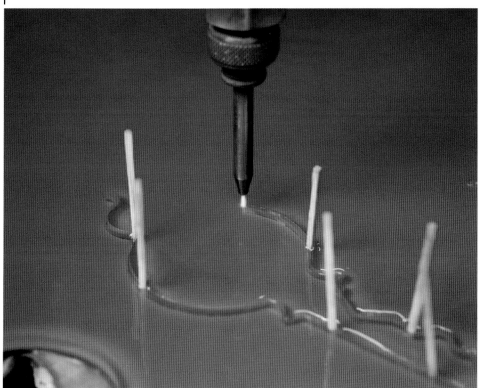

2

光化學加工 Photochemical Machining

使用化學製程以研磨和加工金屬薄板。光化學加工也被稱為化學剪裁和表面光蝕。裝飾性化學切割被稱為光學蝕刻。無遮蓋保護的金屬，會經由化學溶解產生切割輪廓或蝕刻。

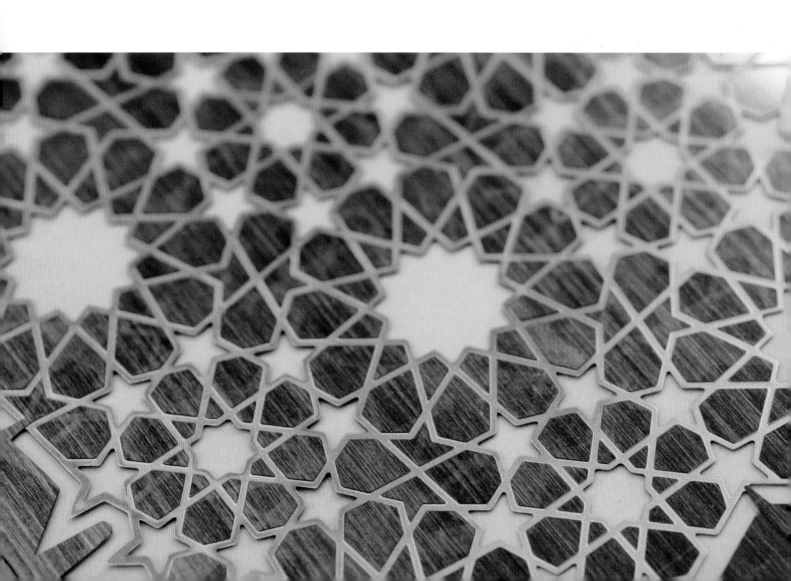

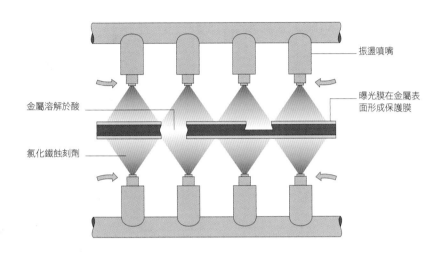

振盪噴嘴

曝光膜在金屬表
面形成保護膜

金屬溶解於酸

氯化鐵蝕刻劑

重要資訊

外觀品質	●●●●●○○○
成型速度	●●●●○○○○
模具和夾具成本	●●●●●●○○
成品單價	●●●●○○○○
環境影響	●●●●○○○○

關聯工法包括：
- 蝕刻（Engraving）
- 靠模切削（Profiling）

替代及競爭工法包括：
- 數值雕刻（CNC Engraving）
- 數值加工成型（CNC Machining）
- 數值控制轉塔沖壓（CNC Turret Punching）
- 雷射切割（Laser Cutting）
- 光蝕刻（Photo Etching）
- 金屬沖孔和沖裁成型（Punching and Blanking）

什麼是光化學加工？

將抗蝕膜塗層施用於工件雙面並在紫外線光下曝光，曝光是呈負片影像。因此，未曝光區的感光膠會被化學溶劑溶解。過程中溶解膜部分的金屬將被蝕刻。

金屬片通過一系列的振盪噴嘴進行化學蝕刻。振盪的目的是為確保充足的氧氣與酸混合以加速反應過程。最後，保護性聚合物薄膜從金屬工件上移除，露出蝕刻後的成品。

品質

這個工法可製作邊緣完全無毛邊的成品，並精確到10%的材料厚度。加工表面呈霧面，但可經過拋光。

一般應用

此技術已運用在航空航太，汽車和電子等產業。其他產品包括模型製作網狀物、控制面板、網格和首飾。

成本和速度

唯一的要求是產生負片並可直接由CAD數據或圖案軟件檔案印出。製作週期和人工成本適中。

材料

金屬包括不銹鋼，低碳鋼，鋁，銅，黃銅，鎳，錫和銀。其中，鋁是最容易加工的，而不銹鋼則是最困難的，因此需要更長的蝕刻時開。玻璃、鏡子、瓷器和陶瓷也適用於光蝕刻，雖然必須使用不同類型的光阻及蝕刻化學藥劑。

環境衝擊

用於蝕刻金屬的化學藥劑是三分之一量的氯化鐵（Ferric Chloride），和去除保護膜所需的燒鹼（Caustic Soda）。以上這兩種化學物質是有害的，操作人員必須穿著防護服。

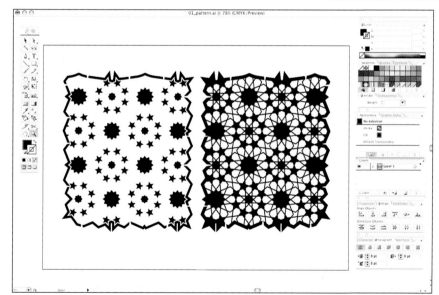

負片
使用製作圖案軟體來設計底片，並顯示化學加工過程的程序。左側的圖在工件反面而右側圖則是在工件正面。雙方同時蝕刻，使區內塗黑色的兩

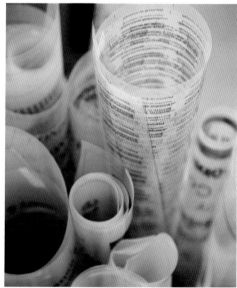

面穿透（輪廓剪裁）。黑色的區域若只有一面則將產生半蝕刻。負片可在醋酸纖維素（Acetate）上印出。

1

案例研究
黃銅屏幕光化學加工

提供廠商：Aspect Signs & Engraving
www.aspectsigns.com

　　將工件塗上感光膠片並以醋酸纖維素負片置於其上（如圖 1）。組合件被放置在真空中並於兩側曝露紫外線（如圖 2）。未曝光感光膠在沖洗過程會被除去。

　　經過第一階段的化學加工（如圖 3）後以此過程反復操作，直到化學藥劑蝕刻過整個材料的厚度。同時產生蝕刻並剪裁出幾何圖案（如圖 4）。

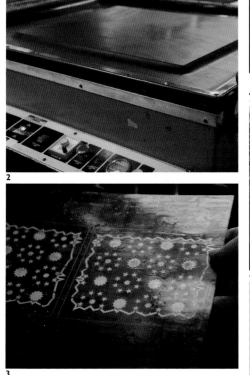

2

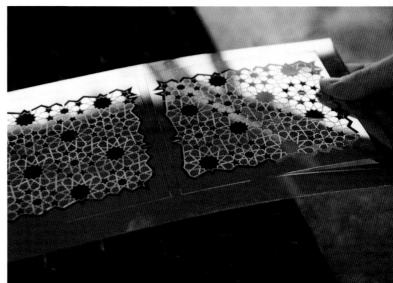

4

3

壓彎成型 Press Braking

這種簡單和泛用技術可用於金屬型材的少量製造和原型彎板製作。壓彎成型可結合切割和連接技術,可成型的幾何形狀範圍包括從簡單的彎曲到連續型材和外殼。壓彎成型也被稱為彎曲成型。

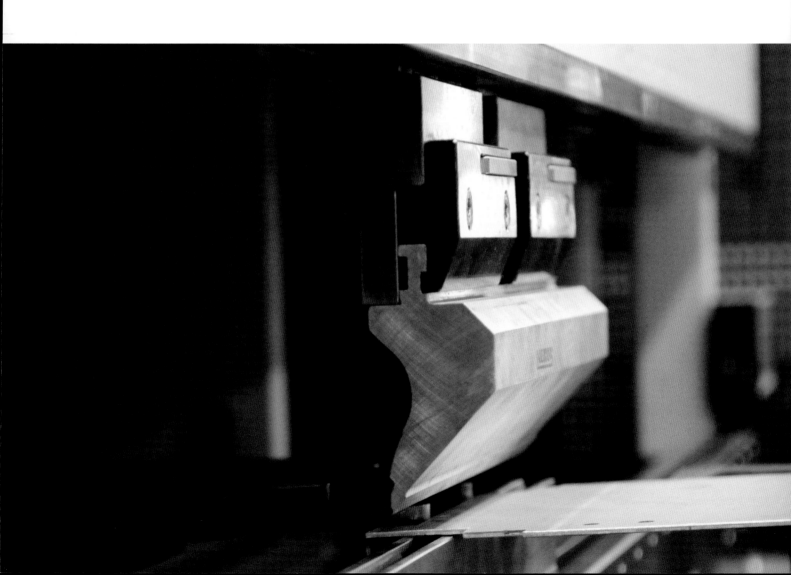

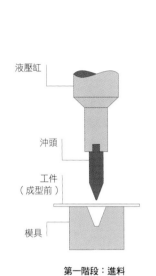

液壓缸

沖頭

工件
（成型前）

模具

第一階段：進料　　　第二階段：懸空彎曲　　　底部彎曲　　　鵝頸彎曲

外觀品質	●●●○○○○○
成型速度	●●●●●●○○
模具和夾具成本	●●●○○○○○
成品單價	●●●●●○○○
環境影響	●●●○○○○○

替代及競爭工法包括：
- 金屬擠型（Metal Extrusion）
- 金屬沖壓成型（Metal Press Forming）
- 滾壓成型（Roll Forming）

什麼是壓彎成型？

　　第一階段，工件置入模具。第二階段，由液壓油缸施加垂直壓力，強制工件彎曲。每次壓彎成型只需幾秒鐘。

　　彎曲的幾何類型決定了所使用的沖頭和沖模的種類，其中有許多不同類型的方式，包括懸空彎曲模，底部V型模，鵝頸模，尖角模和旋轉模。

　　懸空彎曲是最普遍的工法，而底部彎曲（也稱V型-模彎曲或印壓）用於高精密金屬製品。鵝頸彎曲則用於不能使用於一般沖頭的倒勾角度成型。

提醒設計師

品質
鈑金每彎一次其材料強度會隨著增加。機器是由電腦控制，這代表精密度至少可達0.01毫米（0.0004英吋）。

一般應用
應用範圍包括貨車側板，建築金屬製品，室內裝飾，廚房，家具和照明，原型及一般結構金屬製品。

成本和生產速度
標準模具可適用於大多數的應用。根據大小和彎曲複雜性，使用專用模具將增加成品單價。利用電腦導引設備時，成型週期每分鐘最多六個彎。而以手工操作時人工成本高。

材料
幾乎所有的金屬都可以壓彎成型，包括鋼鐵，鋁，銅和鈦。

環境衝擊
壓彎成型是一種材料和能源有效利用的工法。雖然在備料過程及後續後加工中可能產生廢料，但在壓彎過程中不會產生廢料。

壓彎沖頭
有許多現成不同形狀的彎曲可以成型，而不需投資模具，標準的沖頭如圖所示。

1

2

3

鋁外殼壓彎成型

提供廠商：Cove Industries
www.cove- industries.co.uk

使用數值控制轉塔沖壓，截斷機或雷射切割來準備進行壓彎成型的鋁板材。在這案例中是使用轉塔沖床切割鋁材（參閱48頁）（如圖 1）。

第二個彎曲不能以一般沖頭成型時，則可使用鵝頸彎曲沖頭。金屬板插入後頂在以電腦導引的止擋塊（如圖 2），它可確保工件彎曲前就定位。沖頭幾秒內以平順的沖程向下，以避免過度拉伸材料（如圖 3）。

成型後的接合件準備後續的焊接（參閱134頁）和拋光（參閱170頁）（如圖 4）。

4

離心鑄造 Centrifugal Casting

離心鑄造包含一系列以旋轉方式使液態熔融材料成型的製程。經由高速旋轉，強制使液態熔融材料流到模腔內。由於模具成本很低，這個工法適用於從原型製作以及達數百萬件成品的大規模生產。

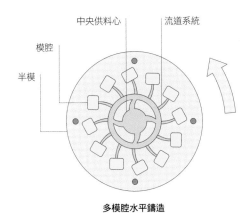

半模
模腔
中央供料心
流道系統

多模腔水平鑄造

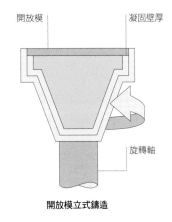

開放模
凝固壁厚
旋轉軸

開放模立式鑄造

重要資訊

外觀品質	●●●○○○○
成型速度	●●●●○○○
模具和夾具成本	●●●○○○○
成品單價	●●●●●○○
環境影響	●●●○○○○

關聯工法包括：
- 水平鑄造（Horizontal Casting）
- 立式鑄造（Vertical Casting）

替代及競爭工法包括：
- 壓鑄成型（Die Casting）
- 鍛造成型（Forging）
- 金屬射出成型（Metal Injection Molding）
- 快速原型（Rapid Prototyping）
- 砂模鑄造（Sand Casting）

什麼是離心鑄造？

　　上面顯示的水平鑄造技術是使用矽膠或金屬模具。熔融材料沿直立位置上的中央供料心倒入，當模具旋轉時金屬熔湯被迫沿流道系統進入模腔。上下兩個模具結合處會產生毛邊。流道可以整合在模具上迫使空氣流出模腔。

　　立式鑄造方法類似於旋轉成型。所不同的是，在離心鑄造模具圍繞單一軸旋轉，而旋轉成型模具則可圍繞兩個或更多軸旋轉。在操作時，一層熔化的物質會在模具內表面形成片狀或空心的幾何圖形。

品質

工件表面細節，複雜的形狀和薄壁部分都可以呈現的很好。在矽膠模中以離心鑄造生產的金屬具有低熔點。因此，強度和彈性不如其他方式成型的金屬。

一般應用

珠寶、浴室配件生產和建築模型的原型製作與生產。

成本和生產速度

矽膠模成本非常低。金屬模具則較為昂貴，但相對於產品大小仍然便宜。低熔點金屬和塑料的生產週期範圍由30秒至5分鐘。使用多模腔模具可降低單位成本。

材料

矽膠模具可用於鑄造一些塑料，包括聚氨酯（Polyurethane）。金屬則包括白色金屬、錫和鋅等。

環境衝擊

大多數廢料可直接回收利用。白色金屬和錫等屬於鉛系合金。但例外的是英國標準錫，它不含鉛。

縮小比列合金輪框
非常小和複雜的零件可利用離心鑄造生產，像案例中12：1的比例錫製模型為Raleigh車款的鋁合金輪框。

多模腔模具
矽膠模離心鑄造一個週期能生產1-100件成品。這件多模腔模具如矽膠模可同時生產35件金屬製品。

比例模型離心鑄造

提供廠商：CMA Moldform Limited
www.cmamoldform.co.uk

　這是件相當大的鑄錫件（如圖1），因此每個模具只能在同一時間生產其中的一部分。矽膠模和模心組裝（如圖2）時兩個邊模具用凹槽與凸面匹配定位。

　模具夾緊置入旋轉台後密封。模具以高速旋轉時將熔融錫湯導入中央供料心（如圖3），熔融錫湯進入模具後離心力將其推壓通過流道系統。

　接著模具分開將金屬鑄件取出（如圖4）。

接合技術
Joining Technology

2

弧焊 Arc Welding

電弧焊接是製程中一個重要的部分，在金屬加工產業廣泛使用電弧焊。電弧焊接工藝只能用於連接金屬，因為它們依賴於工件和電極之間形成電弧並產生熱量。最常見的類型是手工電弧焊（Manual Metal Arc，簡稱MMA）、金屬惰性氣體電弧焊（Metal Inert Gas，簡稱MIG）和鎢極惰性氣體電弧焊（Tungsten Inert Gas，簡稱TIG）。

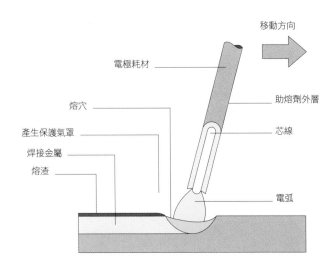

移動方向

電極耗材

熔穴

產生保護氣罩

焊接金屬

熔渣

助熔劑外層

芯線

電弧

重要資訊

外觀品質	●●●●●●○○
成型速度	●●●●○○○○
模具和夾具成本	●○○○○○○○
成品單價	●●●●○○○○
環境影響	●●●●○○○○

關聯工法包括：

• 手工電弧焊（Manual Metal Arc，簡稱MMA）
• 金屬惰性氣體電弧焊（Metal Inert Gas，簡稱MIG）
• 鎢極惰性氣體電弧焊（Tungsten Inert Gas，簡稱TIG）

替代及競爭工法包括：

• 摩擦焊接（Friction Welding）
• 雷射焊接（Power Beam Welding）
• 電阻焊（Resistance Welding）
• 焊接和釺焊（Soldering and Brazing）
• 超聲波焊接（Ultrasonic Welding）

什麼是手工電弧焊（MMA）焊接？

　　手工電弧焊，也被稱為棒焊接，從19世紀後期以來就一直沿用，但在過去的60年已出現重大發展。現代焊接技術使用具塗層的電極。該塗層（助熔劑）在焊接過程中熔化，並形成保護氣罩及焊渣。

　　在MMA焊接過程中需要更換電極，因此只能產生較短的焊道。這是很費時的，而且會使焊縫因為溫度不平均而產生內應力。而積聚在焊縫上面的焊渣要移除後才能進行另一次焊接。

提醒設計師

品質
手工電弧焊的品質大多依賴操作技能。全手工技術可以製作精確而且乾淨的焊道。

一般應用
焊接工藝廣泛應用於金屬加工產業，包括家具，汽車和建築產業。

成本和生產速度
在焊接過程中可能需要夾具以準確定位零件。MMA焊接速度緩慢，MIG焊接速度快，特別是如果以自動化焊接時。而TIG焊接則速度介於兩者之間。由於人工操作需要高技術水準也因此成本偏高。

材料
MMA焊接一般僅限於鋼，鐵，鎳和銅。TIG被廣泛用於碳鋼，不銹鋼，鈦和鋁。MIG焊接通常用於焊接鋼，鋁和鎂

環境衝擊
持續的電流會產生極大的熱量而且作業環境隔熱很差，所以相對而言不太具能源使用效率。焊接時會產生有限的廢料。

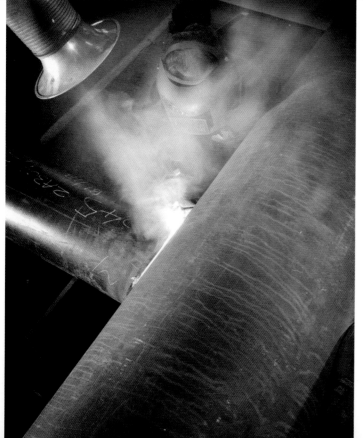

現場焊接
MMA焊接是最具攜帶性的工程，需要相對較少的設備，建築工程和其他現場採取大量的應用。該設備可用於水平，垂直和倒轉方向，使得這種手工操作工法極具多功能性。

1

案例研究
手工電弧焊（MMA）焊接鋼結構

提供廠商：TWI
www.twi.co.uk

　操作人員正焊接鋼板裝配組件（如圖 1）。焊道是由電極和工件加熱熔化，形成熔穴，而且迅速凝固形成金屬珠狀焊道（如圖2）。防止熔穴氧化的氣體保護罩和焊渣在每次焊接後必需去除以形成一個"優良"的焊接結合。

　電焊操作員焊接時電極會一直消耗，需經常更換（如圖3）。焊道的外觀和強度很大的程度上，依賴焊接操作人員的技術（如圖4）水準。

2

3

4

什麼是金屬惰性氣體（MIG）焊接？

　　MIG焊接與MMA焊接主要相同，是在一縷惰性氣體下由電極和工件之間形成電弧並產生焊道。 MIG焊接與MMA焊接相比具有較高的生產效率，更大的靈活性而且適合自動化。

　　該氣體保護罩有數項功能，包括協助形成電弧離子體，在工件上形成穩定電弧和加強熔化電極轉移至焊穴。一般來說，使用的氣體是氬氣，氧氣和二氧化碳的混合物。

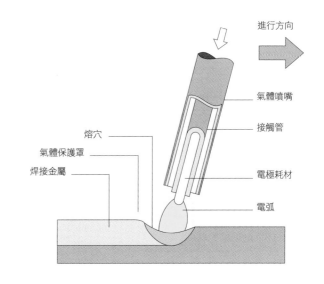

進行方向

氣體噴嘴

接觸管

熔穴

氣體保護罩

焊接金屬

電極耗材

電弧

MiG 焊接鋁

MIG焊接約佔所有焊接作業量的一半，被應用於許多產業中。它廣泛應用於汽車產業，因為它可以快速而乾淨地焊接鋼、鋁和鎂材。實例顯示一個MiG焊接鋁合金組裝件。

鋼結構金屬惰性氣體（MIG）焊接

提供廠商：TWI
www.twi.co.uk

在本案例中利用MIG焊接以密封鋼管末端（如圖1）。和MMA焊接類似，MIG焊接設備具高度可攜性。不同的是，MIG焊接採用的電極可連續由捲軸供給（如圖2）而氣體保護罩則是另外單獨提供。

電極和工件之間的局部加熱使表面凝聚並形成堅固接合（如圖3），支撐接合處的是填充材料。在設計過程中必須注意以確保成品具有堅固的接合。

2

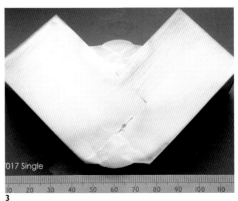

3

什麼是鎢極惰性氣體（TIG）焊接？

　　TIG焊接是一種準確而且高品質的焊接工藝。適用於精確和複雜的薄板材料焊接。與其它焊接的主要區別是，TIG焊接不使用消耗性電極，而是使用尖的鎢電極。熔穴受氣體保護罩屏蔽而填充材料則可用來提高沉積速率，以及當使用較厚的材料於焊接時。

　　保護氣體通常為氦氣，氬氣或兩者的混合物。氬氣是最常見的應用當使用TIG焊接鋼、鋁和鈦等材料時。

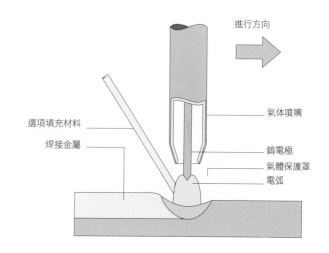

進行方向

選項填充材料

焊接金屬

氣体噴嘴

鎢電極

氣體保護罩

電弧

TIG焊接鈦
TIG焊接廣泛地應用於碳鋼、不銹鋼和鋁等材料，尤其是焊接鈦的主要製程。

案例研究

鎢極惰性氣體（TIG）焊接

提供廠商：TWI

www.twi.co.uk

　　TIG焊接的品質與較慢的焊接速度使其非常適合於精確而且高品質要求的應用。TIG焊接可以利用手工或完全自動化。鎢電極和工件之間形成的電弧，讓填充材料融化至焊接池內（如圖1和2）。

　　如同所有的熱作金屬製造工藝，TIG焊接會產生熱影響區（HAZ）（如圖3）。它是由於金屬結構的改變導致材料變易而產生斷裂問題。HAZ的視覺效應一般都可以在後處理過程中去除。

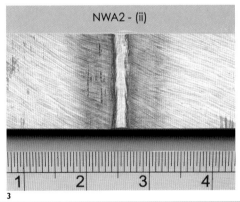

NWA2 - (ii)

焊接和釺焊 Soldering and Brazing

焊接和釺焊應用在金屬加工上已有幾個世紀。兩者都是由熔化填充材料進入接合處形成永久性的連接。所不同的是工法所使用填充材料的熔點，焊接使用溫度比釺焊低。

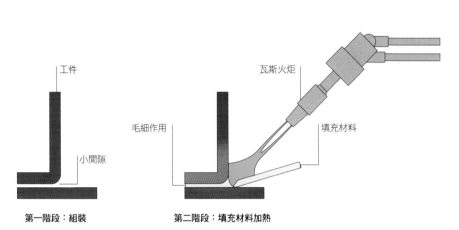

工件

毛細作用

小間隙

瓦斯火炬

填充材料

第一階段：組裝

第二階段：填充材料加熱

重要資訊

外觀品質	●●●●●●●●●
成型速度	●●●●●●●●●
模具和夾具成本	●●●●●●●●●
成品單價	●●●●●●●●●
環境影響	●●●●●●●●●

替代及競爭工法包括：

- 弧焊（Arc Welding）
- 電阻焊（Resistance Welding）

什麼是焊接和釬焊？

焊接和釬焊有許多不同的技術，但其基本原則是，將焊接和釬焊的工件加熱到填充材料熔點以上的溫度。此時填料變為熔融狀態，並經由毛細作用吸入連接處間隙。液態熔融金屬形成與工件的冶金結合，而形成的連結與填充材料本身具一樣的強度。

填充材料通常是銀合金，黃銅，錫，銅或鎳，或其組合。由於必須考慮冶金相容性，因此填充材料的選擇是取決於工件材料，。

提醒設計師

品質

釺焊一般比焊接強，因為使用的填充材料比焊料具有較高的熔點因此強於焊接。在完成後連接焊點的外觀通常可令人滿意，不再需要研磨。而且，即使釺焊加工時通常使用黃銅填料，顏色也可以調整以適應工件材料的色調。

一般應用

應用範圍包括珠寶，管線，銀器，自行車車架及手錶。

成本和生產速度

可能需要特殊設計的夾具以確保工件在焊接和釺焊時固定。對於大多數火炬應用的加熱時間快速，範圍從1到10分鐘。人工成本普遍較低。

材料

大多數金屬和陶瓷可使用這些技術結合。金屬包括鋁、銅、碳鋼、不銹鋼、鎳、鈦與金屬基複合材料。

環境衝擊

焊接和釺焊工作比電弧焊的溫度低。很少有不良品，因為加工不良的部件可以拆除並重新組合。

案例研究

Brazing the Bombé Milk Jug

提供廠商：阿烈西 Alessi　www.alessi.com

1

Bombé奶罐是由卡羅 阿烈西（Carlo Alessi）於1945年所設計，今天仍究繼續生產（如圖1）。雖然使用電阻焊速度更快，更便宜，但為維持原始設計的完整性，因此仍採用釺焊。

接合處塗有助焊劑（如圖2）。將兩件工件都安裝至夾具上（如圖3），釺焊的過程非常快，約持續30秒左右（如圖4）。完成後，成品罐稍微打磨和清潔（如圖5）。

電阻焊 Resistance Welding

電阻焊是快速接合金屬片的技術。運用集中在兩個電極之間的高電壓,使金屬加熱並結合。點焊和浮凸點焊經常使用於組裝作業,而縫焊則是用於產生重疊以構成一個密封的接合。

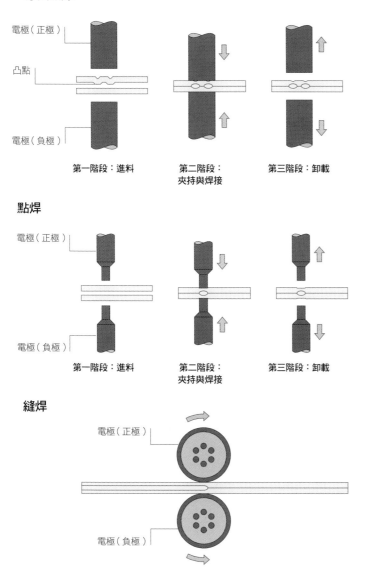

浮凸點焊

電極（正極）
凸點
電極（負極）

第一階段：進料　　第二階段：　　第三階段：卸載
　　　　　　　　　夾持與焊接

點焊

電極（正極）
電極（負極）

第一階段：進料　　第二階段：　　第三階段：卸載
　　　　　　　　　夾持與焊接

縫焊

電極（正極）
電極（負極）

重要資訊

外觀品質	●●●○○○○
成型速度	●●●●○○○
模具和夾具成本	●○○○○○○
成品單價	●●●●○○○
環境影響	●●●○○○○

關聯工法包括：
- 浮凸點焊（Projection Spot Welding）
- 縫焊（Seam Welding）
- 點焊（Spot Welding）

替代及競爭工法包括：
- 弧焊（Arc Welding）
- 焊接和釺焊（Soldering and Brazing）
- 超音波焊接（Ultrasonic Welding）

什麼是電阻焊接？

　　使用凸點焊時，焊縫區侷限於特定點。這可以用兩種方式達成：可以在結合面上產生一浮出面，或使用金屬嵌塊。因為不像點焊的電壓取決於凸點或導引銷，電阻焊接能同時產生多種焊接。焊點的大小和形狀不必取決於焊接電極。因此，電阻焊接可以具有較大的焊接面積，也不像點焊電極使用時會迅速耗損。

提醒設計師

品質
焊接品質高且一致。焊接點具有較高的抗剪力強度,但由於焊接點小而且只是局部,因此抗剝離強度可能有限。

一般應用
應用很廣泛,包括汽車,建築,家具,家電和消費電子等行業。

成本和生產速度
焊接的有表面輪廓的工件可能需要特殊設計的夾具,然一般而言夾具較小並不昂貴。加工時間短。

材料
大多數金屬可利用電阻焊焊接,包括碳鋼、不銹鋼、鎳、鋁、鈦和銅合金。

環境衝擊
大多數電阻焊接加工都無耗材(如助焊劑,填料或保護氣體)。有時會使用水冷卻銅電極,但這通常是連續循環利用並不產生廢水。

不銹鋼網點焊
點焊是簡單和泛用的工法。加工相對便宜,可適用於一定範圍的材料。在這案例中,使用可攜式手持焊接機來點焊不銹鋼網。
高功率手持點焊槍如攜帶式點焊機一樣,可用於一般金屬片之組裝工作。先進的電腦引導機器人系統則用於大量的焊接作業。

案例研究

浮凸點焊

　　金屬環被放在一個較低的電極上定位以確保可重複接合點（如圖 1）。第二個工件具有突點可使電壓集中該處（如圖 2）。並夾持至上方電極上。凸焊接需要一秒鐘左右（如圖 3）。這兩種焊接幾乎立即產生接合強度。完成的成品堆疊一起（如圖 4）。

細木工 Wood Joinery

細木工是家具製作重要的一部分。多年來細木工結合工藝和工業,因此現在已經有各種標準接法配置可供選用。這些接法包括對接,搭接,斜角榫,槽榫,鑲榫,M形接,斜搭,榫槽,梳式,指接和鳩尾榫等。

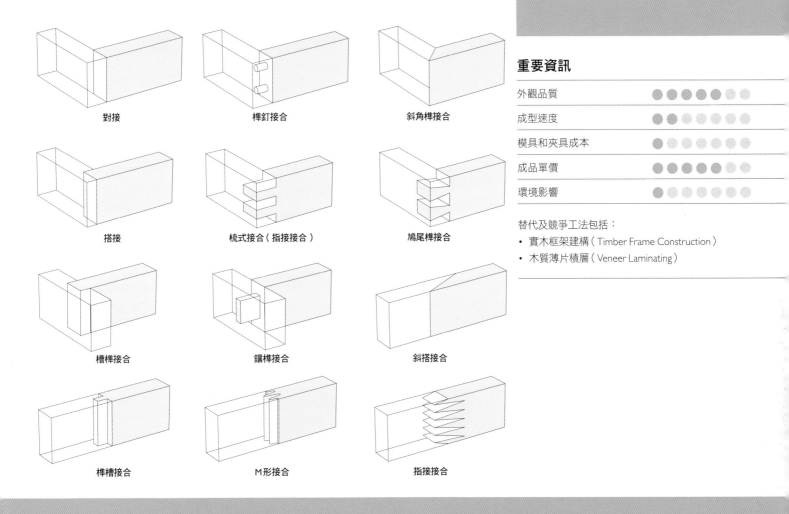

對接

榫釘接合

斜角榫接合

搭接

梳式接合（指接接合）

鳩尾榫接合

槽榫接合

鑲榫接合

斜搭接合

榫槽接合

M形接合

指接接合

什麼是細木工？

　　圖中說明最常見的接頭類型。包括以手工和機器製造的形式，接頭應用於家具建築，房屋建築和內部結構。

　　接頭主要使用四種類型的粘著劑：尿素聚醋酸乙烯酯（Urea Polyvinyl Acetate，簡稱PVA），尿素甲醛（Urea Formaldehyde，簡稱UF），兩劑環氧樹脂和聚氨酯（Polyurethane，簡稱PUR）。PVA和UF樹脂是最便宜和最廣泛應用的膠合劑。PVA是水基而且無毒，多餘擠出的膠合劑可以用濕抹布清洗。PUR與兩劑式環氧樹脂可用於接合木材與其他材料，如金屬、塑膠或陶瓷，這類膠合劑防水故適合室外使用。PUR與兩劑式環氧樹脂具有剛性，因此比PVA更能防止接頭鬆動。

提醒設計師

品質
木製產品具有獨特的特徵包括視覺（年輪）、嗅覺、觸覺、聲音和溫暖。接合的品質非常依賴於技術。

一般應用
細木工應用在木工行業，包括家具和細木工櫃，建築，室內設計，造船和樣版模製。

成本和生產速度
通常不是需要夾具。加工時間完全仰賴於工作的複雜性。由於需要高度技巧，因此人工成本往往相當高。

材料
細木工最合適的材料是實木，包括橡木，岑木，櫸木，松木，楓木，胡桃木和樺木。

環境衝擊
應用木材有許多環保效益，特別是如果木材來源是來自可再生的林木。木材可生物分解，可重複使用或回收利用而不造成任何污染。

接頭部分往往需要切割，所以有不可避免的浪費產生。所產生的粉塵，刨花和木屑往往是以燃燒方式提供熱源來回收能源。

案例研究
床頭櫃的斜接接合與料頭強化對接接合

提供廠商：Windmill Furniture
www.windmillfurniture.com

這是一個簡單的夾板床頭櫃。產品四邊以實橡木貼皮封邊，裁切至需要尺寸後利用斜接接合。溝槽中以料頭增強斜接接合強度。在裝配前，料頭（如圖 1）放置到預切槽上對接，並在所有接合處上膠（如圖 2）。

組裝時四面以膠帶定位（如圖 3）。膠帶如夾具般使接合處保持緊密，（如圖 4）。

1

案例研究

家用桌的鑲榫接合和 M 形接合

提供廠商：Isokon Plus
www.isokonplus.com

此家用桌為芭芭拉奧司格比（Barber Osgerby）於2000年所設計。運用實橡木製作並採用了一系列不同的接合方式（如圖1）。

腿部和外框都加入了鑲榫接合，所應用的鑲榫接合是最常見也是最強的接合方式（如圖2和3）。頂部是由木板與實橡木利用M形接合（如圖4和5）完成。

2

3

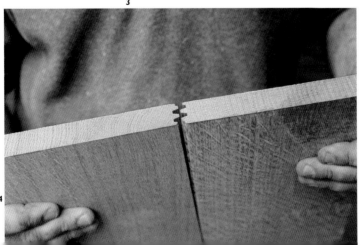

4

5

案例研究

梳式接合托盤

提供廠商：Windmill Furniture
www.windmillfurniture.com

梳式接合傳統上用來接合托盤兩側和抽屜。接合部位以軸式成型機與一組匹配間隔的刀具切削成型。接合部位的雙面都使用相同的切削方式，以確保完美的配合（如圖1）。組合時可以手工裝配（如圖2）。

托盤底部與四邊以槽榫接合以保持抽屜方正，成品加工完成後上漆（如圖3）。

案例研究

對接接合桌內的抽屜

提供廠商：Windmill Furniture
www.windmillfurniture.com

本案例說明木榫釘應用於加強對接接合的構造。所有工件準確量測並依一定的距離鑽孔（如圖1）。通常是利用在鑽床上設置兩個鑽頭來完成，接合部位兩邊的各孔深度完全一樣，木榫釘為山毛櫸或樺木製成，因為山毛櫸或樺木是合適的硬質材料（如圖2）。插入木榫釘後上膠並敲錘至定位（如圖3）。

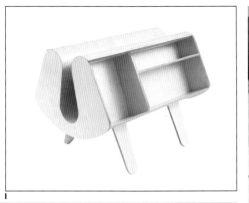

1

2

　　這個木櫥的版本是由依更里斯（Egon Riss）於1939年的設計。它以樺木夾板製作（如圖1）。槽榫接合以簡易而強固的方式將承板固定於側板上（如圖2）。使用這種接合方式代表該產品可以在單一操作中組裝並膠合。末端以夾具夾緊使所有的接合點同時受均壓。

1

2

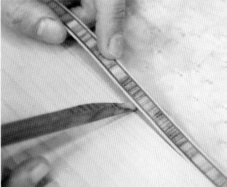

3

案例研究

鑲嵌裝飾

提供廠商：Windmill Furniture

www.windmillfurniture.com

　　這個簡單形式的木鑲嵌是為了在視覺上區隔桌面上的兩個不同木質薄片貼面（如圖1）區域。位於內層的夾板貼合鳥眼楓木，而外層的夾板則是貼合一般楓木。這種類型的鑲嵌裝飾是由數層具異國風情的硬實木，與果樹實木裁切成條狀結合而成（如圖2）。深槽由成型機加工再鑲嵌並以尿素甲醛樹脂（Urea Formaldehyde，簡稱UF）膠合（如圖3）。

表面處理技術
Finishing Technology

3

電鍍 Electroplating

電鍍過程是藉由產生薄膜金屬覆蓋至另一種金屬的表面，主要為了功能和視覺的效果。電鍍結合了兩種金屬材料的優點。例如，黃銅鍍銀可結合銀表面持久光澤及黃銅的強度並同時降低成本。

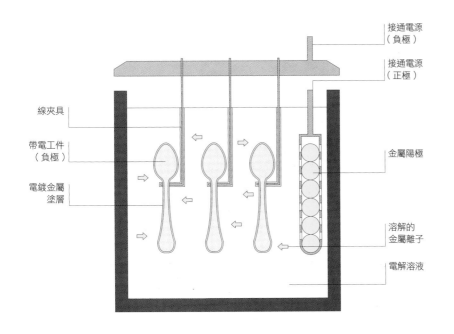

接通電源
（負極）

接通電源
（正極）

線夾具

帶電工件
（負極）

電鍍金屬
塗層

金屬陽極

溶解的
金屬離子

電解溶液

重要資訊

外觀品質	◍◍◍◍◍◍◍
成型速度	◍◍◍◍◍◍◍
模具和夾具成本	◍◍◍◍◍◍◍
成品單價	◍◍◍◍◍◍◍
環境影響	◍◍◍◍◍◍◍

替代及競爭工法包括：
- 陽極氧化處理（Anodizing）
- 電鑄（Electroforming）
- 真空濺鍍（物理氣相沉積）
  （Physical Vapor Deposition，簡稱 PVD）
- 噴漆塗裝（Spray Painting）
- 真空電鍍（Vacuum Metalizing）

什麼是電鍍？

電鍍產生在電解溶液中使懸浮的電鍍金屬離子沈積。當工件浸入電解溶液，並連接到直流電流時，電鍍薄膜於表面形成。金屬離子沉積的速率取決於溫度和電解質的化學成分。

當工件表面金屬鍍層厚度逐漸累積，消耗的電解質離子藉由溶解金屬陽極來補充。金屬陽極裝置於穿孔容器並懸吊於電解液中。

提醒設計師

品質

表面光潔度的品質大部分取決於工件電鍍前的表面處理。整個製程由電腦控制，以確保最高的精度和表面光潔度的品質

一般應用

許多的珠寶和銀器應用這種工法進行表面處理。例如包括戒指、手錶和手鐲。餐具則包括鍍銀杯、酒杯、盤子和托盤。

成本和生產速度

線夾具在電鍍過程中用來支撐工件。加工時間則取決於沉積速率。

每小時大約可沉積達25微米（0.00098英吋）厚度的銀，和250微米（0.0098英吋）厚度的鎳。人工需求取決於於應用方式，成本由中到高。

材料

大多數金屬都可以電鍍。然而不同金屬結合時有不同程度的純度和效率。

環境衝擊

所有的電鍍工藝使用許多危險的化學藥品。這些化學藥品的提取與過濾過程必須嚴格管控，以確保對環境的影響最小。

鍍金和鍍銀

電鍍可以在一個金屬表面上產出另一種金屬的外觀、感覺和優點，電鍍允許工件以成本較低的材料成型，並運用電鍍讓成品具有更合適的屬性應用。電鍍也提供成品金屬表面必要的美觀品質。

惰性的金和銀適合應用在所有類型的產品，包括大酒杯、碗、首飾、甚至是醫療植入物。

1

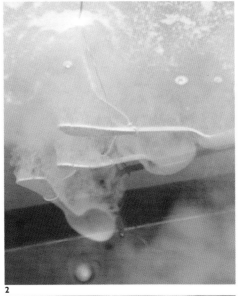

2

鎳銀餐具之銀電鍍

提供廠商：BJS公司
www.bjsco.com

　　這些鎳銀湯匙在銀電鍍前先拋光至高光澤（如圖1）。將其浸入清潔溶液並進行一系列的清潔程序，溶液為稀釋的氰化物溶液，湯匙表面可以看出起泡（如圖2）。

　　在這案例中鎳銀湯匙表面已形成25微米（0.00098英吋）厚的電鍍銀（如圖3）。電鍍零件經清洗和乾燥（如圖4）。藉由細鐵粉混合物拋光，這個過程稱之為"覆蓋染色"用來產生高鏡面反射，使表面品質得到改善（如圖5）。

3

4

5

植絨 **Flocking**

植絨是以短而密集的直立纖維膠合至工件表面，形成軟質並具生動色澤的最後加工，觸感像天鵝絨一般。植絨是利用靜電吸引短纖維到工件表面並使其永久固定。

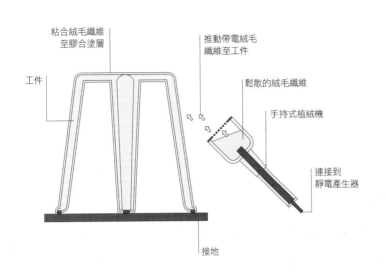

粘合絨毛纖維
至膠合塗層

推動帶電絨毛
纖維至工件

工件

鬆散的絨毛纖維

手持式植絨機

連接到
靜電產生器

接地

重要資訊

外觀品質	●●●●●○○
成型速度	●●●●●●○
模具和夾具成本	●●●●●●●
成品單價	○○○○○○○
環境影響	●●●○●●●

替代及競爭工法包括：
• 噴漆塗裝（Spray Painting）

什麼是靜電植絨？

在工件表面塗覆足夠厚度的導電膠，讓它一旦沾上纖維時足以黏著支撐。纖維上具有塗層，以提高其導電性。

植絨是一個應用靜電的工法。先讓工件接地，並利用手持式植絨機撒上施以40,000-80,000伏特高電壓的纖維，依據植絨應用的需求不同。在這種電位差下能吸引纖維沾粘到工件表面，使帶電纖維穿透膠層並垂直立於工件表面。

當工件逐漸覆滿帶電的纖維後，接著撒上的纖維會逐漸被吸引到無覆蓋纖維的接地表面，因此可確保產生緻密而平均的植絨塗層。

品質

植絨色彩豐富,並形成一致的霧面。柔軟度則取決於使用不同類型和長度的纖維。

一般應用

植絨同時具有裝飾性及功能性用途,例如汽車上的應用(手套箱和內裝襯裡),軍事部品(防反射),紡織品(帽子和T恤衫)和產品(玩具,家具和照明)等應用。

生產成本和速度

夾具也許是必需的。植絨的加工時間取決於工件面積大小與膠合劑固化時間。少量零件生產時人工成本適中。大量生產時通常使用自動化。

材料

尼龍(Nylon)是最常見的植絨纖維,但可能應用其他從0.2-10毫米(0.0079-0.4英吋)長的合成及天然纖維。例如人造絲(Rayon)植絨一般為紡織品所採用,因為具有良好的觸感。幾乎任何材料都可以表面植絨。

環境衝擊

植絨過程中使用化學品並產生粉塵,所以必需使用適當的面罩和呼吸設備。過量的植絨纖維可以回收供後續使用。植絨表面外觀可維持多年,然取決於其應用,植絨加工也可能修飾被破壞的植絨塗層。

植絨布片
植絨幾乎可為任何顏色。混合不同顏色和長度的是植絨可行的。例如,複合植絨可應用在全尺寸的動物模型上,以產生更逼真生動的毛皮塗層。

植絨與模具
植絨的圖形和圖案採用乙烯基材質模版。

汽車內裝襯裡
植絨由於其功能特性廣泛應用於汽車產業,比如用來降低振動、噪音、冷凝與眩光(例如黑色植絨是不反光的,所以非常適合使用於儀表板)。

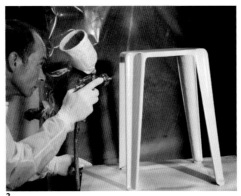

這個板凳是由羅伯湯普森（Rob Thompson）於2003年設計，以藍色三葉形尼龍纖維植絨（如圖 1）。傳統纖維斷面為圓形輪廓，三葉形纖維斷面為三角因此在光線下會閃爍變色。

首先在板凳表面噴塗（如圖 2）合適的膠合劑，在這個案例中使用聚氨酯樹脂（PUR）。接著將尼龍纖維裝入手持式植絨機中（如圖 3），當纖維離開植絨機時帶負電荷，這會驅使纖維沾粘到接地的工件表面（如圖 4）。大約可在五分鐘左右完成緻密的植絨塗層（如圖 5）。

金屬發色處理 Metal Patination

金屬發色處理是在銅合金表面上形成保護性氧化層。通常為自然深褐色或綠色，但也可以人工來加速和增強發色處理。此種技術運用化學藥品和加熱可以產生廣泛的顏色，包括白色、黑色、紅色、銀色、綠色和棕色。

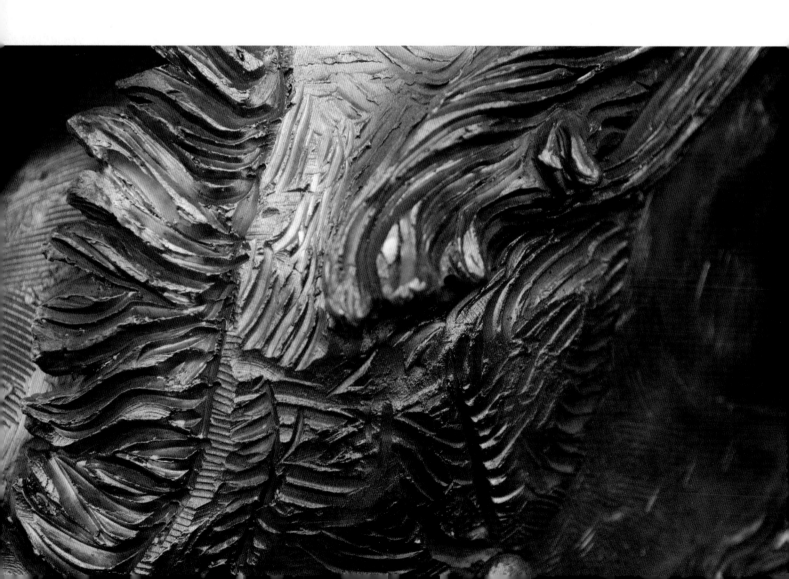

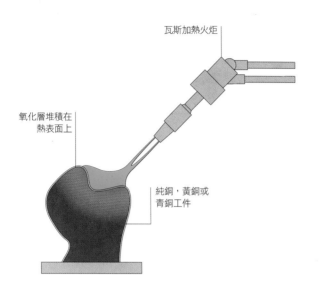

瓦斯加熱火炬

氧化層堆積在
熱表面上

純銅，黃銅或
青銅工件

重要資訊

外觀品質	○○○○○●●●●
成型速度	○○○●●●●●●
模具和夾具成本	●●●●●●●●
成品單價	○○○○●●●●●
環境影響	○○○●●●●●

替代及競爭工法包括：
- 鍍鋅（Galvanizing）
- 拋光（Polishing）
- 噴漆塗裝（Spray Painting）

什麼是人工發色處理？

　　人工發色處理包括三個主要過程為：清洗與前處理，發色處理和塗覆保護蠟或油。

　　化學藥劑與水充分混合，並均勻塗抹在金屬表面。用刷子塗抹要小心，因為液滴和流紋在最終成品上是可見的。

　　目前有冷與熱的人工發色處理技術。應用熱度可加速發色進程，使顏色和效果更明顯且反應更快。分階段處理可以產生圖層顏色的效果。工件經發色處理後通常要放隔夜讓色彩定型。這些化學物質在金屬表面發生反應，形成一層薄氧化物。氧化物會結合金屬基材所以非常耐用。

提醒設計師

品質
這種技術是在金屬表面形成天然氧化層。形成的天然氧化層質輕、堅硬、且具保護和自我癒合能力。顏色和效果大部分取決於發色處理技術，並會隨著時間逐漸產生變化。

一般應用
金屬發色處理通常應用於室外建築和藝術品，包括屋頂、雕塑、雕塑和建築物外牆立面。

生產成本和速度
這個製程不需要模具和夾具。加工時間取決於工件尺寸與加工的複雜度，但通常大約是一天。由於對高技術水準的要求，人工成本中等。

材料
銅系合金，包括純銅，黃銅，青銅，均適合人工發色處理

環境衝集
雖然在發色處理過程中化學藥劑的使用並沒有危險的副產品產生。這個製程使金屬表面形成保護膜並進一步防止腐蝕。所以它能維持的時間較長，而且極少需要維護。

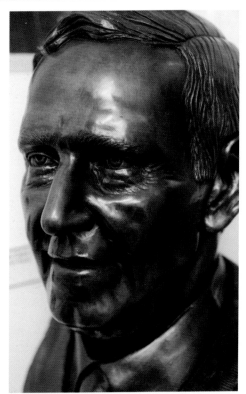

發色處理半身銅像（遠左圖）
雕塑由藝術家馬克史萬（Mark Swan）創作，這個青銅半身像以硫化鉀（Potassium Sulphide）作發色處理，以創造一種被稱為"肝色（Liver）"的金棕色。

色樣（近左圖）
利用一系列化學藥劑可獲得許多的顏色與效果：採用硝酸銅（Copper Nitrate）以產生綠色表面，硝酸銀（Silver Nitrate）產生銀色，硝酸鐵（Iron Nitrate）產生紅色或"鐵"色，氧化鋅（Zinc Oxide）和氧化鈦（Titanium Oxide）產生白色和棕色的表面，硫化鉀（Potassium Sulphide）產生"肝色"。小心的細部處理使凹陷處顏色暗化，而浮凸面顏色淺化來強化外形輪廓與表面紋理。

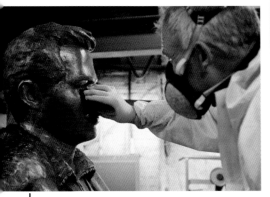

1

2

　　葛雷哥利斯阿森提奧（Gregoris Afxentiou）"自由戰士（The Freedom Fighter）"脫蠟鑄造雕像，是尼可勞斯柯齊亞曼尼斯（Nikolaos Kotziamanis）為希臘雅典戰爭博物館創作的作品。首先清洗表面準備發色處理（如圖1）。少量硫化鉀（Potassium Sulphide，如圖2）與水混合，並用點彩刷子塗覆於雕像表面。這樣將在銅質表面產生天然的深褐色表層。利用火炬加熱以加速化學反應（如圖3）。最後雕像表面利用蠟密封以產生光澤並保護表層顏色（如圖4）。完成後的雕像目前設置於雅典（如圖5）。

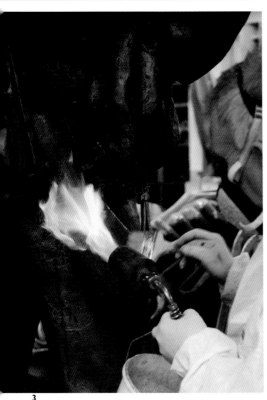

3

4

5

研磨，砂磨，拋光 Grinding, Sanding, Polishing

研磨，砂磨，拋光是以磨料顆粒侵蝕工件表面的機械過程。表面處理範圍從粗面到鏡面，取決於採用的技術和磨料顆粒類型與尺寸，處理後形成一致的紋理或圖案。研磨，砂磨和拋光為廣泛應用的技術。

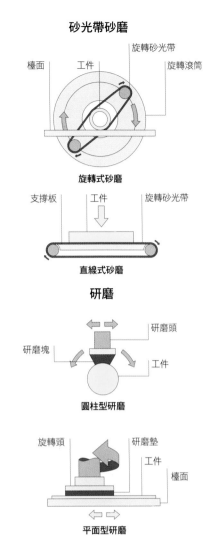

砂輪切割

研磨塗層　　　旋轉盤
工件　　　磁性檯面

表面研磨切割

研磨面
檯面　　　工件

邊緣研磨切割

珩磨

磨料塗層　　　旋轉軸

工件　　　異型珩磨油石

外周直徑

研磨塗層

空心工件　　　異型珩磨油石

內周直徑

砂光帶砂磨

旋轉砂光帶
檯面　　　工件　　　旋轉滾筒

旋轉式砂磨

支撐板　　　工件　　　旋轉砂光帶

直線式砂磨

研磨

研磨塊　　　研磨頭
工件

圓柱型研磨

旋轉頭　　　研磨墊
工件
檯面

平面型研磨

重要資訊

外觀品質	●●●●●○○
成型速度	●●●●●○○
模具和夾具成本	●●●●●●○
成品單價	○●●●●●○
環境影響	○●●●●○○

替代及競爭工法包括：
- 金屬發色處理（Metal Patination）
- 噴漆塗裝（Spray Painting）

什麼是機械研磨、砂磨、拋光？

　　這些常見的技術利用於切割表面的產業應用。每種工法可應用在由超高亮度至非常粗糙的一系列表面處理，這取決於研磨材料的類型。這些工法皆須依賴潤滑，藉此降低了熱累積及刀具的磨損。

　　為了達到高反射與超亮的表面處理，加工材料將經由一系列不同階段的表面切割，逐步使用更細的研磨粒研磨。每種研磨料的作用是為降低表面起伏的深度。

　　鏡面拋光的程度由其RA（表面平均粗糙度）測量值表示，鏡面拋光為小於0.05微米（0.0000019英吋）RA（表面平均粗糙度）值。

品質

表面研磨和拋光的精確度有可能小至微米以下。但精密製程相當昂貴而且費時，但有時這又是唯一可行的製作方法。

一般應用

為表面處理及精密表面加工，這些工法為所有的製造業採用。應用範圍廣泛包括各種產業與DIY（Do It Yourself）項目。

成本和生產速度

許多研磨、砂磨和拋光可以採用標準設備進行。所需耗材價格是考慮的依據。加工時間和人工成本取決於尺寸，複雜度與表面的光潔度。表面亮面拋光的製程可能需要好幾個小時。

材料

大部分材料均可研磨，砂磨或拋光，但材質的硬度會影響表面外觀，以及所需加工時間。

環境衝擊

雖然這些工法都是損耗性製程，但操作時僅有很少的廢料產生。

天然成分振動研磨

一個沖壓成形的金屬工件放入充滿光滑，硬顆粒石（上圖）的振動研磨桶內。它的工作原理與沙灘上由於相互磨耗，而產生平滑圓潤卵石的方式大致相同。壓碎的玉米種子（右圖）則可在下個階段研磨過程，在堅硬工件的表面上產生非常細緻的精加工。

1

案例研究

金剛石砂輪拋光

提供廠商：Zone Creations
www.zone-creations.co.uk

　　鑽石顆粒應用於對其它拋光材料而言太過堅硬而無法拋光加工的製品。它們也用於塑料的高速精加工。這件壓克力盒子以數值加工成型（參閱42頁）。蓋子和底座配對後，然後將四個側面在圓盤鋸上切削（如圖1）。這樣可以產生準確的表面，但是其表面質感不佳。

　　將工件放置在切割台上夾緊。鑽石切割輪以高速旋轉並在幾秒內產生超細表面（如圖2和3）。

2

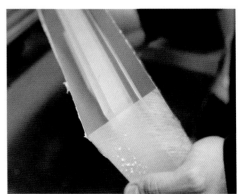

3

在這個案例中珩磨被用來生產密封玻璃容器和瓶塞之間的氣密加工。

以特定輪廓的金屬珩磨石來為這個應用加工。將金屬珩磨石裝上車床夾頭並塗覆以礦物為基材的複合研磨料（如圖1）。當工件被研磨時研磨料的粗糙度降低而工件的表面則變為細緻（如圖2）。珩磨的研磨孔尺寸非常緩慢地增加，直到玻璃塞可與它完美地配合（如圖3）。

玻璃塞也以同樣的方式製作。加工完成的產品（如圖4）用於存儲生物標本。

硼矽玻璃是最合適的材料，因為它在長時間使用時對化學品的反應為中性與惰性。

1

2

3

4

案例研究

機械拋光

提供廠商：Professional Polishing Services
www.professionalpolishing.co.uk

研磨用於製作多種類型的表面處理，包括交互型表面花樣、霧面處理和超級亮面的精加工。

拋光不銹鋼片表面以產生光亮面，在每次研磨經過工件表面時以拋光劑塗佈於滾筒上（如圖1）。接著以石灰替代物塗佈於不銹鋼片表面，以去除 任何水分（如圖2）。

重複型表面花樣是由浸漬磨料顆粒的圓環形拋光墊（如圖3）製作的。案例中的花樣（如圖4）即是一個以此方法完成的典型例子。它也可以用於製作各種不同的表面處理。

1

2

3

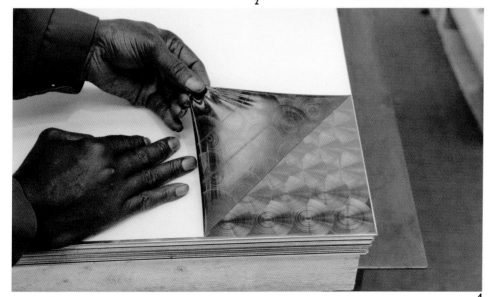

4

1

手動拋光

提供廠商：Alessi
www.alessi.com

　這是最昂貴和費時的拋光方式。它是用來產生不能以機械拋光的零件，讓成品具有非常高的表面品質。這種拋光方法可應用在這個濾器的每個連續表面（如圖1-3）。

　大小的旋轉拋光布輪可以進行調整以適應更小的工件如湯匙。拋光布輪的密度可按不同等級的拋光劑調整。而在最終階段的拋光過程，使用最細的拋光劑以產生高反射表面。這是一個勞力密集的製程，但也可用來完成大量生產的產品，例如這件由菲利浦史塔克（Philippe Starck）設計的Max le Chinois濾器（如圖4）。

2

3

4

案例研究

旋轉砂光皮帶

提供廠商：Pipecraft
www.pipecraft.co.uk

　　這是一個典型旋轉皮帶砂磨法（如圖1）的應用。它可以在不銹鋼表面產生均勻的拉絲紋路（如圖2）。這種工法同樣適用於非完整形狀的工件。

1

2

1

2

3

砂輪研磨

提供廠商：CRDM
www.crdm.co.uk

　　砂輪研磨是用來製作非常平坦的表面，適用於快速原型製程中的直接金屬雷射燒結（Direct Metal Laser Sintering，簡稱DMLS）工法（參閱108頁）。首先，工件表面經銑床切削以提供平面（如圖1和2）。這會加快整個製程，接著金屬鈑被置於磁性研磨檯上，經長達45分鐘的仔細研磨，直到其表面達到所需的平均粗糙度Ra值（如圖3和4）。

4

噴漆塗裝 Spray Painting

噴漆塗裝是應用在工件表面塗上顏色，同時提供表面保護。塗層可採用最硬的材料。表面質感的範圍可由霧面到高光澤表面，其中包括彩色光澤、柔軟觸感（又稱溫觸感）、珠光、閃光與金屬質感。

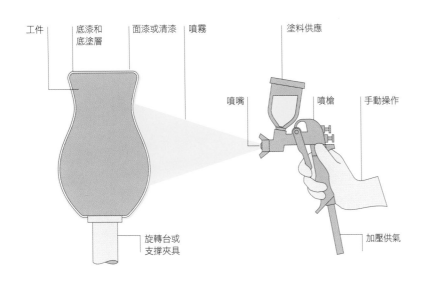

工件　底漆和　面漆或清漆　噴霧　　塗料供應
　　　底塗層

噴嘴　　　噴槍　　手動操作

旋轉台或
支撐夾具

加壓供氣

重要資訊

外觀品質	
成型速度	
模具和夾具成本	
成品單價	
環境影響	

替代及競爭工法包括：
- 浸漬成型（Dip Molding）
- 電鍍（Electroplating）
- 植絨（Flocking）
- 金屬發色處理（Metal Patination）
- 拋光（Polishing）
- 真空電鍍（Vacuum Metalizing）

什麼是噴漆塗裝？

以噴槍讓噴射壓縮空氣霧化塗料以形成細霧狀。噴嘴吹出來的霧化塗料呈橢圓形。而塗層以交互重疊的動作噴塗於工件表面上。

塗裝表面大多由多塗層所組成。必要的話，工件表面應先上補土（Filler）和底漆（Primer）。傳統的塗料是由顏料（Pigment）、結合劑（Binder）、稀釋劑（Thinner）和添加劑（Additives）組成。結合劑的作用是結合顏料與被塗覆的工件表面。結合劑決定耐用性、光潔度、乾燥速度和耐磨損度。這些混合物溶解或懸浮於水或溶劑中。雙劑型塗料則是由樹脂與催化劑或硬化劑組成，雙劑型塗料與工件表面的結合為單向不可逆型，可形成極為耐用的塗層。

提醒設計師

品質

塗層的光澤度可歸類為霧面（Matte，也稱為蛋殼面）、半亮面（Semi-gloss）、絲緞面（Satin，也稱為絲面）及亮面（Gloss），高光澤、彩色濃烈與豐富多彩的表面處理，來自於細緻的表面前置作業、底漆和面漆的整體完美組合。

一般應用

噴漆塗裝應用範圍極廣包括原型製作、少量與大量成品生產。

生產成本和速度

可能必須使用夾具，但取決於工件數量與結構形狀。加工時間快速，取決於工件尺寸與複雜度、塗層數和乾燥時間。人工成本很高，因為加工流程通常以手工為主。

材料

幾乎所有的材質都可以噴漆塗裝。有些工件表面在塗裝時必須先塗覆中間層，這個中間層須兼容於工件和面漆。

環境衝擊

水性塗料比溶劑型塗料毒性低。噴漆塗裝通常在噴塗房或櫃內進行，以使噴漆能安全地進行回收和處置

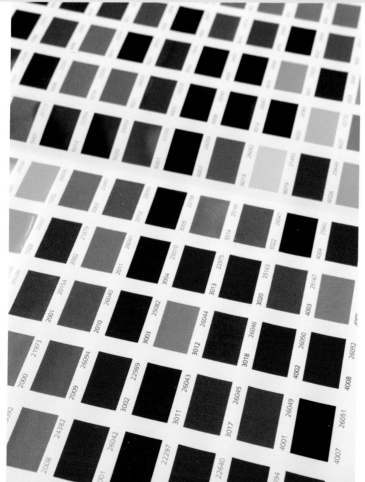

劇烈變色顏料（上圖）

這種漆料的顏色依於視角的不同變化極大。它由英國的劍橋郡塗料公司（Cambridgeshire Coatings）與美國的美國化學和塑膠（US Chemicals and Plastics）公司供應。

RAL色彩參考表（左圖）

塗料的顏色和表面質感幾乎有無限種可能。顏色範圍的標準包括RAL（源自德國）和Pantone（源自美國）。色彩是由顏料所提供，它是固體顆粒狀的有色物質。顏料的成份可以用細小片狀金屬（Metallic）、珠光（Pearlescent）、雙色（Dichroic）、變色（Thermochromic）或發光（Photoluminescent）材料來取代或增強。

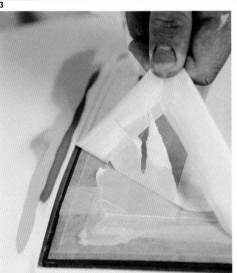

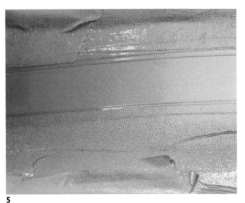

案例研究

Pioneer 300 輕型飛機噴漆塗裝

提供廠商：Hydrographics
www.hydro- graphics.co.uk

先鋒300（如圖 1）型飛機由意大利阿爾比航空（Alpi Aviation, Italy）製造。機身表面接合部分先補土後打磨使表面光滑準備噴底漆。使用遮蔽以保護機身的玻璃區域（如圖 2）。

第一層的雙劑型聚氨酯（Polyurethane）底漆以交互重疊方式噴塗（如圖 3）。機身的噴漆塗裝總共需要三個塗層。當底漆完全乾燥後，利用砂紙打磨機身以產生平滑的表面。

在噴塗面漆前，最上層的膠帶被撕下（如圖 4）。它下面是第二層的遮蔽用來限制面漆噴塗區域。以交錯邊緣的方式來避免漆料溢流，否則底漆塗層會產生一個可見的白色邊緣。最後，噴塗面漆以及包括明亮的藍色"競速"條紋（如圖 5）。

案例研究

高光黑漆 Yamaha 鋼琴

提供廠商：Yamaha
www.yamaha.com

1

高光澤表面質感的產生是源於細緻的表面前處理、噴塗、打磨與拋光。這台具高光澤黑色漆面的山葉鋼琴，可能需要最多一個星期的準備和修飾（如圖1）。

首先將需要噴塗的面板與木質纖維板層壓膠合以提供最佳的噴漆底層。面板必須以高固化性聚酯漆（如圖2）連續地快速噴塗四次，以為後續的打磨與拋光提供足夠塗層厚度。

鋼琴本體需風乾三天好讓聚酯漆完全乾燥（如圖3）。琴身的每一個部分都以手工非常仔細地打磨，利用木塊與打磨砂帶製作均勻的表面光潔度（如圖4）。耐心地經由各種等級的磨料和拋光劑（如圖5）來完成琴身表面的鏡面處理。所有部件都是手工完成，以確保表面質感的最高水準（如圖6）。

鋼琴在緩慢移動的組裝線上生產（如圖7）。由於是聲學的演奏樂器，作工必須十分精確完美。熟練的技巧與極大的工作量才足以完成如此卓越的產品（如圖8）。

2

3

4

5

6

7

8

字義

CAD 電腦輔助設計

電腦輔助設計（CAD）是一個通用術語，用於囊括協助工程和產品設計的計算機程式。一些最常用的三維軟體包括Pro/E，Rhino，SolidWorks，AutoCAD，Alias和Maya。

CNC 數值加工

機械加工設備，由電腦控制操作被稱為電腦數值控制（CNC）。加工刀軸的數量決定利用何種類型的幾何形狀達成加工的要求。最常見的是兩軸，三軸，五軸（42頁）。

Direct manufacturing 直接製造

直接依據電腦輔助設計（CAD）數據進行產品製造例如快速成型（104頁）。

Elastomer 彈性體

彈性體為天然或人工材料，並呈現彈性性質：能在負荷下變形，一旦負荷移除能恢復到原來的形狀。

Ferrous 鐵系金屬

含鐵金屬，如鋼。另見有色金屬（非鐵系）。

FRP 纖維強化高分子複合材料

塑料成型時以長纖維強化，纖維種類包括碳（Carbon），人造纖維（Aramid），玻璃（Glass）或自然材料，如棉（Cotton），麻（Hemp）或黃麻（Jute）。被稱為纖維強化高分子複合材料（Fibre-Reinforced Plastic，簡稱 FRP）。這些材料被應用於複合材料積層（第94頁）。另參閱玻璃纖維強化複合材料（GRP）。

GRP 玻璃纖維強化複合材料

塑料成型時以一定長度的玻璃纖維強化，稱為玻璃纖維強化複合材（GRP），複合材料積層（第94頁）使用長或連續長度的玻璃纖維強化材料。另參閱纖維強化高分子複合材料（FRP）。

Hardwood 硬木

由落葉樹及闊葉樹，如樺木，櫸木，水曲柳和橡樹所生的木材。

Mold 模具

一個中空的形體，用來成型材料在液體或塑性狀態，以凹或凸的三維輪廓來形成材料在固體形態。

Monomer 單體

一個小而簡單的化合物，可聚合其他類似的化合物以形成長鏈，被稱為聚合物（Polymers）。

Non-ferrous 有色金屬（非鐵金屬）

不含鐵金屬，如鋁合金和銅合金。另參閱鐵系金屬。

Pattern 模型

利用一個原始設計或原型經由重製以形成模具，如複合材料積層（第94頁）或脫蠟鑄造（第30頁）。這種模具可以用來生產許多相同的工件。

Polymer 聚合物

天然或由人工合成的聚合相同單體長鏈化合物。

Ra 表面平均粗糙度

研磨、砂光與拋光表面紋路以表面平均粗糙度量表（Roughness Average，簡稱 Ra）定義，金屬表面加工的Ra值大約如下：以80–100粒度磨片研磨可達Ra值2.5微米（0.000098英吋），而以亮面拋光劑研磨可達Ra值0.05微米（0.0000019英吋）。

RAL RAL配色系統

RAL（Reichsausschuss für Lieferbedingungen）是一種德國制定的配色系統，常使用於塗料與顏料的色彩規範。

Resin 樹脂

天然或由人工合成的半固態或全固態物質，由人工合成的聚合作用或由植物中提煉，應用於塑膠、亮光劑與塗料。

RTV 室溫硬化

少數橡膠材料例如矽膠能於室溫中化學反應硬化，而無需經加熱後反應硬化，這樣的過程稱為室溫硬化。

Shore hardness 蕭氏硬度標準

以度量儀Durometer（硬度計）藉由它所設置之定形金屬腳壓迫受測物，由其凹陷深度以量測塑膠、橡膠或彈性體的硬度，凹陷深度由0至100分級；越高級數顯示材料硬度越高。這個測試通常用以標示材料的彈性與韌性。最常見的蕭氏硬度標準分A類與D類，而這兩類標準彼此並無強烈相互關聯。

Softwood 軟木

由針葉樹及一般的常綠樹所生的木材，例如，松木、雲杉、冷杉及檜木。

Thermoplastic 熱塑性塑膠

一種高分子材料在遇熱時軟化並具可塑性。

Thermosetting plastic 熱固性塑膠

一種藉由加熱、觸媒轉換成型或混合兩種材料以引發單向聚合反應的材料，與大部份的熱塑性塑膠不同，熱固性塑膠成型時形成跨分子聚合鏈的結合，一旦成型便無法逆轉，所以，它一經反應成型即不能重新塑型與塑製。熱固性塑膠擁有極佳的抗疲勞物理特性，並較熱塑性塑膠更能忍受化學侵蝕。

Tool 模具

模具（Mold）的另一術語。

Two-pack or two-part 雙份或稱兩劑

這些名稱用以形容熱固性塑膠或橡膠由兩種成份組合而成的材料特性，例如應用於塗裝（180頁）與反應式射出成型（14頁）。

VDI VDI表面粗糙度標準

VDI（Verein Deutscher Ingenieure）scale是由德國工程師協會制定的表面紋路粗糙度標準，VDI scale將可比較表面平均粗糙度（Roughness Average, 簡稱Ra）定義由0.32–18微米（0.000013–0.00071英吋）。

中英對照

熔化的金屬倒入流道
Molten metal poured into runner

上模箱　Cope

冒口　Riser

把手　Handle

夾具　Clamp

下模箱　Drag

第二階段:砂模鑄造
Stage 2: Sand Casting

P.39

金屬工件　Metal workpiece

砂袋或金屬珠袋
Bag of sand or metal shot

木製或尼龍大頭鎚
Wooden or nylon mallet

砂袋窩鍛
Dishing into a sandbag

滾輪　Wheel

金屬工件　Metal workpiece

砧輪　Anvil

滾壓成型　Wheel forming

金屬工件　Metal workpiece

尼龍或金屬錐
Nylon or metal chaser

技師鎚　Engineer's hammer

環氧樹脂或鋼製治具
Epoxy or steel jig

治具塑型　Jig chasing

鋼製滑動架或圓頂
Steel dolly or dome

鋼製精軋鎚
Steel planishing hammer

預成型金屬工件
Pre-formed metal workpiece

精軋　Planishing

P.43

除塵單元　Dust extraction unit

各種可換刀具
Various interchangeable tools

刀具旋轉圓盤
Rotating tool carousel

切削刀具　Cutting tool

工件　Workpiece

Z軸動作軌道
Track for z-axis movement

X,Y和Z軸　X. y and z axes

X和Y軸動作軌道
Track for x- and y-axis movement

護蓋　Guard

夾頭和主軸　Chuck and spindle

真空夾　Vacuum clamp

檯面　Table

配有刀具旋轉圓盤之三軸數值
加工機
Three-axis CNC with tool
carousel

旋轉頭　Pivoting head

旋轉雕刻頭　Pivoting router

夾頭　Chuck

切削刀具　Cutting tool

檯面　Table

真空夾　Vacuum clamp

工件　Workpiece

X,Y和Z軸及兩旋轉軸
X, y and z axes and two axes of
rotation

X和Y軸動作軌道
Track for x- and y-axis movement

Z軸動作軌道
Track for z-axis movement

具可換刀具之五軸數值加工機
Five-axis with interchangeable
tools

P.49

液壓油缸或手動壓機
Hydraulic ram or fly press

輥道　Roller bed

工件　Workpiece

沖頭　Punch

剝離器　Stripper

模具　Die

階段一：進料　Stage 1: Load

切削刃　Cutting edge

殘料或工件
Scrap or workpiece

反側及毛邊
Roll over and burr

殘料或工件
Scrap or workpiece

階段二：沖孔
Stage 2: Punching

P.53

X,Y和Z軸動作
Movement in x, y and z axes

刀具架（負極）
Tool holder (-)

銅電極（工具）
Copper electrode (tool)

流體介質在連續的運轉浴中
Dielectric fluid in continuously
running bath

夾具（正極）　Clamp(+)
工件　Workpiece
火花蝕刻　Spark erosion

P.56

去離子水在連續的運轉浴中
Deionized water in continuously
running bath

火花蝕刻區
Spark erosion zone

供應卷筒（負極）
Supply spool (-)

電極絲　Wire electrode

工件　Workpiece

夾具（正極）　Clamps (+)

反應箱X和Y軸動作
Tank movement on x and y axes

接收卷筒（負極）
Take-up spool (-)

P.59

電氣連接　Electrical connection

帶電工件（負極）支架
Electrically charged workpiece (-)
support

電鑄金屬塗層
Electroformed metal coating

電解溶液
Electrolytic Solution

與電源的連接（負極）
Connection with power source (-)

與電源的連接（正極）
Connection with power source (+)

金屬陽極（正極）
Metal anodes (+)

溶解的金屬離子
Dissolved metal ions

P.63

旋轉陶壺　Rotating clay pot

定位板　Bat

拉胚機　Potter's wheel

P.67

升起旋胚成型懸臂
Raised jiggering arm

刀具支架
Blade support

定型器與成型刀具
Former with shaping blade

對稱陽性石膏模具
Symmetrical plaster male mold

機床　Bed

階段一：開模、入料與卸載
Stage 1: Open mold, loading and
unloading

成品經修整後移出模具
Finished part trimmed and removed on the mold for support

在石膏模具上施加壓力對陶土塑型
Pressure applied to shape the clay over the plaster mold

石膏模具以高速旋轉
Plaster mold rotates at high speed

階段二：合模
Stage 2: Closed mold

P.71

玻璃板陷落至模內
Glass sheet slumps into mold

模具表面　Mold face

窯爐內的加熱元件
Heating elements within the kiln

模具支架　Mold support

P.77

鐵吹管　Blowing iron

型胚　Parison

階段 I　Stage I

空氣吹入　Air Blown in

透明玻璃　Clear glass

藍色玻璃覆蓋層
Blue glass coating

階段 2　Stage 2

模具 / 成型器　Mold/former

階段 3　Stage 3

階段 4　Stage 4

斷裂分離　Cracked off

階段 5　Stage 5

P.83

吹製　Blowing

工件：密封玻璃管
Workpiece: sealed glass tube

局部加熱至攝氏 1000 度（華氏 1832 度）
Localized heating up to 1000°C (1832°F)

階段 I：加熱　Stage I: Heating

由熱工拉絲成型工作者吹入空氣
Air blown in by lampworker

熱玻璃極易成型
Hot glass forms easily

冷玻璃部份外形不變
Cold glass remains unchanged

階段 2：成型　Stage 2: Forming

鑽孔　Hole Boring

局部加熱至攝氏 1000 度（華氏 1832 度）
Localized heating up to 1000°C (1832°F)

工件：玻璃管
Workpiece: glass tube

階段 I：加熱　Stage I: Heating

橡膠塞　Rubber bung

熱玻璃極易變形然後孔成型
Hot glass deforms easily and hole forms

由熱工拉絲成型工作者吹入空氣
Air blown in by lampworker

階段 2：成型　Stage 2: Forming

折彎　Bending

局部加熱至攝氏 1000 度（華氏 1832 度）
Localized heating up to 1000°C (1832°F)

工件：玻璃管
Workpiece: glass tube

階段 I：加熱　Stage I: Heating

冷玻璃部份外形不變
Cold glass remains unchanged

加壓　Applied pressure

熱玻璃極易成型
Hot glass forms easily

階段 2：成型　Stage 2: Forming
心軸成型　Mandrel forming

冷卻玻璃部份維持外形
Cooling glass maintains shape

心軸旋轉
Mandrel rotated

逐漸加熱至工作溫度
Gradually heated up to working temperature

工件：玻璃管或棒
Workpiece: glass tube or rod

P.86

局部加熱至攝氏 1000 度（華氏 1832 度）
Localized Heating up to 1000°C (1832°F)

旋壓車床夾頭
Spinning lathe Chuck

階段 I：加熱　Stage I: Heating

以異形成型器加壓
Pressure applied to profiled former

冷玻璃部份外形不變
Cold glass remains unchanged

階段 2：成型　Stage 2: Forming

P.89

表層木質薄片　Face veneer

薄片積層間塗覆一層薄薄的膠合劑
Plies coated with thin layer of adhesive

階段 I：準備木質薄片
Stage I: Veneer preparation

壓塞　Plug

模具　Mold

薄片積層在壓力下膠合
Plies bonded together under pressure

階段 2：真空壓製成型
Stage 2: Cold pressing

P.92

橡膠 '袋'　Rubber 'bag'

表面木質薄片　Face veneer

薄片積層間塗覆一層薄薄的膠合劑
Plies coated with thin layer of adhesive

模具　Mold

階段 I：準備木質薄片
Stage I: Veneer preparation

藉真空加壓
Force applied by vacuum

加熱帶　Heater bands

抽真空　Vacuum applied

階段 2：袋壓成型
Stage 2: Bag pressing

P.95

內層　Inner layer :

透水藍膜　permeable blue film

中間層：透氣
Intermediate layer : breathable

預浸碳纖維
Pre-preg carbon fibre

表皮 6-8 毫米（0.236-0.315 英吋）
Skin of 6–8 mm (0.236–0.315 in.)

剛性框架
Rigid framework

外層：密封
Outer layer : hermetic

閥門　Valves

第一階段：積層
Stage I: Lay-up

工件成品
Finished workpiece

第二階段：脫模
Stage 2: Demolding

P.98

凝膠塗層
Layer of gel coat

強化纖維混合熱固性樹脂
Combination of fibre reinforcement and thermosetting resin

剛性框架
Rigid framework

第一階段：積層
Stage 1: Lay-up

工件成品
Finished workpiece

第二階段：脫模
Stage 2: Demolding

P.101

連續長碳纖維束
Continuous length of carbon fiber tow

碳纖維供應線軸
Supply reel of carbon fiber

使用滾輪覆上薄塗層
Thin coating applied by wheel

旋轉軸
Rotating mandrel

環氧樹脂浸泡缸
Bath of epoxy resin

導引頭　Guide head

碳纖維束　Carbon fiber tow

P.105

以滾輪在成型面鋪上新粉末
Roller to spread fresh powder over build area

鏡子　Mirror

雷射光束　Laser beam

二氧化碳雷射　CO2 laser

充氮氣環境
Nitrogen-rich atmosphere

多重 SLS 零件
Multiple SLS parts

構建平台以一次 0.1 毫米 (0.004

英吋) 行程向下進展
Build platform progresses downwards in steps of 0.1 mm (0.004 in.)

自體支撐的粉形成了非燒結的"結塊"
Powder is self-supporting, forming a non- sintered 'cake'

配送槽向上推進以供應滾輪粉末
Delivery chambers progress upwards, supplying powder to the roller

P.108

構建平台以一次 0.05 毫米到 0.1 毫米的步進方式往向下推進
Build platform progresses downwards in steps of 0.05 mm to 0.1 mm

數控鏡　CNC mirror

雷射束　Laser beam

CO2 雷射　CO2 laser

重塗系統　Recoating system

在工件成形過程中以鋼板固定
Steel plate anchored to part during building

DMLS 工件　DMLS part

供料槽向上推進以供應滾輪粉末
Delivery chamber progresses upwards, supplying powder to the roller

金屬粉末　Metal powder

P.110

突破表面張力的移動槳
Paddle to break surface tension

SLA 工件　SLA part

鏡面　Mirror

雷射束　Laser beam

固態紫外線雷射器
Solid state UV laser

P.113

鏡面　Mirror

CO2 雷射光束
CO2 laser beam

高度調整　Height adjustment

對焦鏡頭　Focusing lens

兩軸運動軌跡
Track for two-axis movement

工件　Workpiece

高壓輔助氣體
Pressurized assist gas

噴嘴　Nozzle

聚焦雷射和噴射氣體
Focused laser and gas jet

真空台　Vacuum bed

P.117

壓力室　Pressure chamber

孔　Orifice

超音速水柱
Jet of supersonic water

混合室　Mixing chamber

高壓給水
High-pressure water feed

研磨劑顆粒送入混合室
Abrasive particles fed into mixing chamber

研磨劑粒子集中於噴射水周圍
Particles collect around jet of water

錐形切口　Cut taper

噴嘴　Nozzle

工件　Workpiece

水槽　Water bath

支撐結構　Support structure

P.121

金屬溶解於酸
Metal dissolves in acid

氯化鐵蝕刻劑
Ferric chloride etchant

振盪噴嘴　Oscillating nozzles

曝光膜在金屬表面形成保護膜
Exposed film protects metal surface

P.125

第一階段：進料　Stage 1: Load

液壓缸　Hydraulic ram

沖頭　Punch

工件板材（成型前）
Workpiece(blank)

模具　Die

第二階段：懸空彎曲
Stage 2: Air bending

底部彎曲
Bottom bending

鵝頸彎曲
Gooseneck bending

P.129

中央供料心　Central feed core

流道系統　Runner system

模腔　Die cavity

半模　Half mold

多模腔水平鑄造
Horizontal casting with multi-cavity tool

開放模　Open mold

凝固壁厚
Solidified wall thickness

旋軸軸　Spinning axis

開放模立式鑄造
Vertical casting with open tool

P.135

移動方向　Direction of travel

電極耗材
Consumable electrode

熔穴　Weld pool

產生保護氣罩 Evolved gas shield

焊接金屬 Weld metal

熔渣 Slag

助熔劑外層 Flux covering

芯線 Core wire

電弧 Arc

P.138

熔穴 Weld pool

氣體保護罩 Gas shield

焊接金屬 Weld metal

進行方向 Direction of travel

氣體噴嘴 Gas nozzle

接觸管 Contact tube

電極耗材 Consumable electrode

電弧 Arc

P.140

選項填充材料 Optional filler material

焊接金屬 Weld metal

進行方向 Direction of travel

氣體噴嘴 Gas nozzle

鎢電極 Tungsten electrode

氣體保護罩 Gas shield

電弧 Arc

P.143

工件 Workpiece

小間隙 Small gap

第一階段：組裝 Stage 1: Assembly

毛細作用 Capillary action

瓦斯火炬 Gas torch

填充材料 Filler material

第二階段：填充材料加熱 Stage 2: Applying heat and filler material

P.147

浮凸點焊 Projection Spot Welding

電極（正極） Electrode (+)

凸點 Projection

電極（負極） Electrode (-)

第一階段：進料 Stage 1: Load

第二階段：夾持與焊接 Stage 2: Clamp and weld

第三階段：卸載 Stage 3: Unload

P.151

對接 Butt joint

榫釘接合 Dowel joint

斜角榫接合 Mitre joint

搭接 Lap joint

梳式接合（指接合） Comb joint (finger joint)

鳩尾榫接合 （Dovetail joint）

槽榫接合 Housing joint

鑲榫接合 Mortise and tenon joint

斜搭接合 Scarf joint

榫槽接合 Tongue and groove joint

M形接合 M-joint

指接接合 Finger joint

P.159

線夾具 Wire jig

帶電工件（負極） Electrically charged workpiece (-)

電鍍金屬塗層 Electroplated metal coating

接通電源（負極） Connected to power source (-)

接通電源（正極） Connected to power source (+)

金屬陽極 Metal anodes

溶解的金屬離子 Dissolved metal ions

電解溶液 Electrolytic solution

P.163

粘合絨毛纖維至膠合塗層 Flock fibers bond to adhesive coating

工件 Workpiece

推動帶電絨毛纖維至工件 Charged flock fibers propelled towards workpiece

鬆散的絨毛纖維 Loose flock

手持式植絨機 Manual applicator

連接到靜電產生器 Connected to electrostatic generator

接地 Connected to earth

P.167

瓦斯加熱火炬 Gas torch

氧化層堆積在熱表面上 Oxide layer builds up on the hot surface

純銅，黃銅或青銅工件 Copper, brass or bronze workpiece

P.171

砂輪切割 Wheel Cutting

研磨塗層 Abrasive coating

工件 Workpiece

旋轉盤 Spinning disk

磁性檯面 Magnetic table

表面研磨切割 Surface cutting

檯面 Table

研磨面 Abrasive coated face

工件 Workpiece

邊緣研磨切割 Edge cutting

珩磨 Honing

磨料塗層 Abrasive coating

工件 Workpiece

旋轉軸 Spinning axle

異型珩磨油石 Profiled honing stone

外周直徑 Outside diameter

研磨塗層 Abrasive coating

空心工件 Hollow workpiece

異型珩磨油石 Profiled honing stone

內周直徑 Inside diameter

砂光帶砂磨 Belt Sanding

檯面 Table

工件 Workpiece

旋轉砂光帶 Spinning abrasive belt

旋轉滾筒 Rotating platen

旋轉式砂磨 Rotary

支撐板 Support plate

工件 Workpiece

旋轉砂光帶 Spinning abrasive belt

直線式砂磨 Linear

研磨 Lapping

研磨塊 Abrasive block

研磨頭 Lap

工件 Workpiece

圓柱型研磨 Cylindrical profile

旋轉頭 Spinning head

研磨墊 Abrasive pad

工件 Workpiece

檯面 Table

平面型研磨 Flat profile

P. 181

工件　Workpiece

底漆和底塗層
Primer and basecoat

面漆或清漆
Topcoat or lacquer

噴霧　Spray mist

塗料供應　Paint supply

噴嘴　Nozzle

噴槍　Spray gun

手動操作　Manually operated

旋轉台或支撐夾具
Rotating table or support jig

加壓供氣　Pressurized air feed